AI

SUPERHUMAN INNOVATION

到来

U0077460

[美] 克里斯·达菲 [CHRIS DUFFEY] ○ 著　　　孙超 ○ 译　　　中国友谊出版公司

图书在版编目（CIP）数据

AI 到来 /（美）克里斯·达菲著；孙超译 . -- 北京：
中国友谊出版公司，2021.5
书名原文 : Superhuman Innovation
ISBN 978-7-5057-5190-3

Ⅰ . ① A… Ⅱ . ①克… ②孙… Ⅲ . ①人工智能 Ⅳ .
① TP18

中国版本图书馆 CIP 数据核字（2021）第 059755 号

著作权合同登记号　图字：01-2021-2816

书名	AI 到来
作者	［美］克里斯·达菲
译者	孙　超
出版	中国友谊出版公司
发行	中国友谊出版公司
经销	新华书店
印刷	天津旭丰源印刷有限公司
规格	880×1230 毫米　32 开
	10 印张　159 千字
版次	2021 年 8 月第 1 版
印次	2021 年 8 月第 1 次印刷
书号	ISBN 978-7-5057-5190-3
定价	52.00 元
地址	北京市朝阳区西坝河南里 17 号楼
邮编	100028
电话	（010）64678009

如发现图书质量问题，可联系调换。质量投诉电话：010-82069336

致我的父母，是他们培养了我对终身学习的热爱；

致我的妻子和两个女儿，她们是我灵感的来源；

致我的姐姐，她让我知道了何为真正的成功。

目录

关于作者

克里斯·达菲是 Adobe 创意云（Adobe Creative Cloud）战略开发创新合作伙伴的领头人，横跨创意企业领域。

克里斯及其工作事迹常被媒体报道，如《华尔街日报》、《卫报》、《公司》、《全球广告周刊》、《广告时代》、视频流媒体应用 *Cheddar*、《镜报》、*The Drum* 杂志、《战役》（*Campaign*）、《首席营销官》（*CMO.com*）、《纽约邮报》、《商业内幕》（*Business Insider*）等，并常被谷歌、麦肯锡、沃顿商学院作为案例引入其数字营销书籍中。克里斯还任职于罗格斯大学咨询委员会，同时也是美国报业协会的董事会成员。

在加入 Adobe 之前，克里斯是屡获殊荣的执行创意总监、演讲者、作者以及人工智能和移动技术专家。《商业内幕》杂志将他列为"能够在快速变化的移动营销领域发现问题、迎接挑战和发现机遇的行业领导者之一"。他曾在电线与塑料产品集团（WPP）、埃培智集团（IPG）、哈瓦斯集团（Havas）、奥姆尼康

（Omnicom）、阳狮集团（Publicis）和 MDC 等 35 家广告公司担任创意咨询顾问，工作内容横跨每一个重要的垂直领域。克里斯还是一位作家，他在人工智能和移动技术之间的必然关联性研究方面颇有建树，并且乐于在能想象得到的最复杂的商业挑战中进行创新。《卫报》曾将克里斯与他人合作的一篇名为《移动互联网如何影响医疗行业》（*How mobile became mighty in healthcare*）的文章列为年度十佳医疗报道。

克里斯主题演讲的观看人数已经超过 5000 万。其演讲系列被《走进好莱坞》、《号外》、《OK 杂志》、《你好》（*Hello*）、《人们》（*people*）、《每日邮报》、《全球广告周刊》、《鼓》等多家媒体报道。

我是如何用人工智能来写这本书的

在我作为创意总监和创意技术专家的整个职业生涯中，我一直好奇，当人类的创造力和他们的聪明才智相遇并被技术放大时会发生什么。在接下来的篇幅中，我们将深入探讨在过去的几年里，人工智能（AI）是如何成为最伟大的科技之一的。我想要赞美 AI 的能力以及它所拥有的可能性，但我也想了解它的局限性。我不想仅仅写一本关于它的著作，而是希望可以直接用 AI 来真正地写一本书。捕捉人工智能当前和未来的能力已然成为一场探索之旅，在这场探索之旅中，总会有令人兴奋的发现。但有时候，也确实能肯定，在某些情境下，AI 并不存在。所以，为了让你了解 AI 会带来怎样的变革，我使用了某些 AI 技术，使其成为本书的"合著者"。接下来我将聊一聊我是怎么做的。和多数写作过程相似，我对 AI 的使用是有组织且非线性的，同时，我也常常部署不同的技术层。

从 21 世纪初期到中期，我们曾处在一个近乎同样的移动互联网新时代。客户经常要求我们描述一个移动响应网站或应用程序是如何构建的。在回答这个问题之前，第一件事总是决定要剥离多少个技术层——视觉设计过程应该引入什么？应该使用哪些UX①工具？软件开发代码如何解释？如何使用苹果手机或安卓硬件功能和组件，如芯片、定位功能？诸如此类的问题一个接着一个。最近，苹果手表（Apple Watch）、健康宝（health kit）以及亚马逊的 Alexa 在全天科技会议上的引入使上述问题得到了解决。由于我们处在互联网和可穿戴设备发展的早期阶段，所以我们正在经历一场类似于和 AI 技术构建模块的对话，这也为讨论"何时、何地且怎样才能充分利用 AI 技术"这个具有战略性和创造性的话题奠定了人工智能基础。

在本书中，我不是从"如何创建人工智能"或者"如何使用具体的 AI 技术"这类宽泛的问题开始，而是将 AI 视为本书的共同创作者，围绕基本问题——这个特定的 AI 能够做什么、如何做？基于这个问题，我在写作时用了很多人工智能技术接口（AI APIs）。这个列表很长，几乎包含了所有内容：使用 AI 来回复指定主题，建议和预测可能相关的上下文内容，翻译多语言文献资料然后进行总结，语句分析和语句分离，从段落语法分析到定义

---

① UX 是 Userexperience 的缩写，中文翻译为"用户体验"。

语句结构和语句意义，从语调分析到理解文本复习阶段的情感和沟通方式，从情感分析到总结文本观点、文本特征、文本价值等。本书合作的人工智能——或者直接称其为"艾美"（Aimé）——采用的是一整套技术，其中许多是开源技术，每一项技术都建立在不同的概念、方法和基础设施之上。艾美使用了很多人工智能和深度学习技术（ML）接口，例如自然语言处理（NLP）、自然语言理解（NLU）和自然语言生成（NLG）。也是因为这些技术，艾美可以识别、理解并回复关键词、短语、想法和请求，偶尔还能识别并理解经验及推理。

本书使用到的 AI 技术主要涵盖以下三个方面：智能语音识别，智能内容理解及总结，智能内容创建及生产。语音识别与连续听写通过语音用户界面（VUI）实现人机交互，以执行语音到文本、文本到语音、语音编辑、格式化、拼写和共享文档等任务。智能内容理解及总结技术通过情感分析、标签和基于上下文理解的更高层次概念组织等方法，审查数据库、文章和研究论文并将其删节为快速易消化的内容。智能内容创建和生成是一种能力，这种能力是系统为了辅助内容生产过程而开发概念和想法的。模拟人类写作过程的写作算法有助于贡献创意、标题、内容和草稿。

冒一点技术风险：从高级技术架构的角度来看，许多 API① 都存在于云环境中——这意味着我们可以通过已有的实例或应用程序来访问它们。然后通过指向和访问研究内容数据库，调用算法来实现诸如生成、创建、总结和丰富内容等功能。将一系列 API 进行分层可以得到更全面的输出内容。这种"多引擎"方法反映了一种更广泛的人工智能工程思维模式，即关注目标而不是关注 AI 技巧或 AI 技术。人工智能的发展不应该是一种特定的方法或技术，而应该把人放在首位。

将 AI 技术具体应用于更高层次的任务中，比如人类的创造力，可能有一些挑衅的意味，但人工智能可以增强创新性和独创性。本书以对话形式写成，与 AI 进行人工智能话题的讨论，展示人工智能是如何通过技术来实现看起来不可能的事情，从而解决我们自己无法解决的问题，或者说帮助其更快地解决问题。

本书适用于以下人群：1. 想在乏味的工作上少花些时间、多做些自己喜欢做的事情的人；2. 想要更智能地工作以提高工作效率的人；3. 任何年龄段和任何技能水平的人；4. 想要更成功的人。人工智能是帮助你实现目标的工具。

---

① Application Programming Interface，应用程序编程接口，是软件系统不同组成部分衔接的约定。

请一定读完本书。也许其中有一两个章节有点技术性，但我向你保证，这不仅仅是一本讲技术的书，更是关于你自己以及你能用它实现什么的图书。如果你坚持读完，那么，我相信，无论是你的企业（不管规模大小），还是你自己的职业管理和发展，都将收获切实可行的机遇。

序言

我的童年是在密尔沃基度过的。那时候,我有一只宠物鸽,名叫罗克珊。她不是一只普通的鸽子,而是一只冠军赛鸽。她是一只美丽的纯种蓝格母鸽。她的绑带编号是2803——这个数字的意义非比寻常,很快你就会知道。

我总是惊讶于她和她的赛鸽伙伴们是如何找到回家的路的。赛季期间的每个周末,都有一辆专门的赛鸽车把它们带到数百英里^①外的地方。这些鸽子在同一时间开始比赛。这些长着翅膀的鸽子,就像肯塔基赛马或全国越野障碍赛马一样,从大门口蜂拥而出。即使不是一个鸽子迷,看到如此景象也会印象深刻。

我父亲开车带罗克珊去参加比赛。我一边在家里等着,一边想:她怎么可能从那么远的地方找到回家的路呢?而且,这一路上有可能遇到雷暴,还要在疑似鹰击的情况下幸存下来,还要躲

---

① 1英里 ≈ 1609.34 米。

避飞机，穿越过无数障碍。然而，无论如何，罗克姗总是能回到家里。

每一只赛鸽的脚踝上都系了一条绑带，它有什么意义呢？这场比赛的意义远不仅仅是鸽子们找到了回家的路。当鸽子们到家时，鸽子的主人要做的便是取下这根绑带，并用一个类似于老式信用卡印刷机一样的特殊装备给它盖上时间戳。

罗克姗到家之后，我都要绞尽脑汁，发挥创意——如何将她抓住并取下绑带。这可是比赛胜负的关键。

我知道罗克姗很喜欢吃一种特殊的玉米混合物，这是我让她落地并分散她注意力的最佳方法。她必须分心，我才能够从她的脚踝上抓住那条带子。然后，我和父亲再争分夺秒地跑到鸽会，通过数学算法，计算出最终目的地时间的比值。根据计算结果，就会决出胜负。对于一个在威斯康星州长大的孩子来说，这就是最好的竞技运动！

如果你有机会看到鸽子的喙，你会发现它的喙上有一个小白团。它的铁含量异常地高。科学家们认为，这个团状物与地球的电磁场产生了相互作用，从而成为鸽子的指南针。鸽子们非同寻常，在动物界中无人能及。它们是一种神奇的生物，能在几分钟内飞出 20 英里，速度可达 92 英里 / 小时，一天可飞行 700 英里。它们的视野范围可达 26 英里。有记录表明，它们曾在 55 天内飞行了 7000 英里。

在公元前 8 世纪，希腊人经常用鸽子向各城邦传递奥运比赛、战斗和其他活动的消息。虽然用鸽子传递信息听起来很不切实际，但人们通过跑步来传递消息则需要花好几天的时间。事实上，根据希腊的传说，波斯人在马拉松战败的消息花了整整一天的时间才传到雅典。虽然只有 26 英里，但传递消息的人因疲惫不堪、中暑而死。用鸽子来传递信息则只需要几个小时。

你可能会好奇，为什么我们在一本关于人工智能的书中要提到鸽子？其实这个例子是在说明，历史上人类在很早之前，就已经开始利用其他智能工具来提升自己的自然能力。对动物的豢养，使得早期社会的人们善于利用其他生物的物体属性和精神属性。如今，计算机，尤其是人工智能，正在将人类的能力扩展到"超人类"范围。

我们使用计算机来执行复杂任务、延展自然能力，或执行重复的、危险的、费力的工作，这个方法大致与我们利用动物的方式相同。这是人工智能将人类能力放大至提升创新力，从而给企业、社会和个体带来变革的根本前提。

纵观历史，最伟大的创新者都将创造力的艺术与科学相结合，以求变革。看看达·芬奇吧，他认为自己既是一个艺术家，也是一个科技达人。正是考虑到这一点，我们接下来将研究 AI 是如何将艺术与科技融合在一起的。无可争议的是，AI 将对商业和社会的未来产生戏剧性的影响，但如何应用却存在不确定性。

有时候，我们将人工智能比作电力——正在给全球工业带来革命性的变化，并从根本上改变了我们看待并理解工作的方式。在本书中，我将向你展示 AI 如何为员工赋能，为职场注入强大的活力，以及我们如何利用 AI 为企业创新并获得竞争优势，从而带来强有力的变革。本书是一本实用指南，它不仅解释了人工智能和机器学习如何影响了商业、品牌以及人们的创新方式，也影响了二者对产品、服务和内容的创新。

引言

第二思维

人们大概在两岁的时候，会发生一些奇妙的事情。在这个阶段，孩子们逐渐认识到其他人都有自己的想法和感受，换句话说，就是"第二思维"，即个体理解他人拥有不同的信仰、意图、欲望和情感的能力。人类有一个觉醒的时刻，就像我们现在意识到了人工智能。AI 这个第二思维将会扩展并推动我们的能力和智力，其范围远超出我们的想象。[1]

如果我们能利用超人的能力，在学校表现得更好，在体育上更出色，在商业上更成功，最终活得更长久、更充实，那会怎么样？谁不想要这种竞争优势呢？带着这一灵感，本书揭示了围绕 AI 的各种可能性，将 AI 分解为实战策略，并提供了一种将 AI 应用于商业创新和转型的思维模式。

超级框架（superhuman framework）以五大 AI 关键词为中心——**速度（speed）、理解力（understanding）、性能表**

现（绩效）（performance）、实验（experimentation）和结果
（results）。我们将在之后讨论并分析这些问题。

　　父亲、丈夫、儿子和兄弟都是我的社会角色，同时我还在美
国 Adobe 软件公司任职，可以说，我的生活像大多数人一样充
实。因此，一想到要写一本书，我就备感挑战。然而，说做就做，
我用 AI 技术撰写了下文的大部分内容。这样一来，我就大大缩短
了本书的创作时间。为了说明 AI 如何赋予人类"超人能量"，同
时为了撰写这本书，我们给 AI 取了一个名字，叫艾美（Aimé）。
这个名字源自法语中的"挚爱"（bien Aimé），也是 AI+Me 的组
合。艾美反映了本书的目标——让人工智能成为你的挚友，成为
共同创造者，成为你向未来迈进的智能私人助理。

　　艾美展示了人类当前通过 AI 所拥有的角色和关系。就像亚马
逊 Alexa、机器人、Siri 和其他语音助手一样，我们正在进入一
个智能助手的时代，它们将成为预测我们需求，激发并放大我们
的能力，促进我们成长的伙伴。在整本书中，艾美从我身上学习，
帮助我实现想法，理解我的需求，同时为我们的对话情境增添趣
味性。这也表明了"狭义的人工智能"正在取得一定的进展。

　　未来对胆小的人是没有耐心的。不要再浪费时间了，直接开

始阅读这本书吧。友情提示，本书共有三个部分——人工智能的基础、人工智能的活动和人工智能的未来。

第一部分　人工智能的基础

人工智能是来自未来的问候。每隔 10 到 15 年，世界就会迎来一个改变游戏规则的新技术。看看桌面计算模式和出版革命是如何通过互联网访问信息从而影响了民主化的吧。紧随其后的是无处不在的移动设备。海量的数据催生了人们对云存储的需求。人们对信息，或者说数字化排放（digital exhaust，人们在网上所做的选择和行动所产生的数据）的使用欲望加快了人工智能的发展。

换句话说，在很多领域，人工智能都是由于对数据分析工具有所需求才出现的。

人工智能因其潜力巨大，所以被比作"电力发明"。作为一种环境操作系统，它将照亮未来的企业创新之路。AI 有可能促进产品的大规模生产，催生可复制的服务和经验，推动自动化，以提高生产率。创新者一直都在为自己的产品和客户创造机会，而 AI 让这种机会变得更加重要。

有一句话（被认为是爱因斯坦所说）：智慧的真正标志不是知识，而是想象力。这也是本书所传达的一个重要主题。就 AI 而言，真正衡量智慧的标准是聪明的想象力。我们的意思是，通过解锁数据，想象力可以得到更多的知识和更多的切身感悟。

AI 是我们这个时代的平台，也是这个时代的媒介，它将我们引向了本书的另一个目标，即我们正处于 AI 可执行的最终阶段，企业必须将 AI 价值交换能力增强三倍以提升创新能力。

我们会发现，技术没有好坏之分。AI 只是一个工具，这就是它的用意。归根结底，我们不会讨论 AI 的趋势，而是讨论如何让这一趋势在所有行业和社会文化中创造出神奇的个性化体验。

我们把 AI 的相关性说得更透彻一些，如果你观察了当前的文化产业，就会发现，AI 正在被应用到生活的方方面面。就拿好莱坞电影来说，比如《西部世界》和《摩根》。《西部世界》讲的是一个 AI 主题公园，由自主机器人扮演主角。而《摩根》之所以引人注目，不仅是因为 AI 这个主题，还因为它利用了 AI 技术来制作电影预告片。

看看雷·库兹威尔在《如何创造思维》一书中开创性的 AI 写

作，就是抓住了当代和未来的 AI 能力，以及亚马逊的 Alexa 和苹果的语音助手 Apple Homepod 等 AI 语音助手的兴起。此外，还有像以色列移动眼（Mobileye）这样的 AI 技术在自动驾驶汽车领域中的应用。本书也将会详细讨论这部分内容。[2]

1. 变化着的环境：客户行为及客户期望

为了更好地理解人工智能可能带来的巨大机遇，我们首先要看一下一直在变化着的环境。我们正生活在一个空前的社会转型时代，数字化正在颠覆每个行业、大大小小的组织和每个人。人们通过更多的设备、更快的速度来消费内容，同时人们希望，每一次体验都是个性化且毫无瑕疵的。当然，人们也希望自己的体验比以往任何时候都要好。人们不会容忍任何小事：这才是数字化转型最核心的问题。企业现在已经意识到，不管是面对客户还是在组织内部，都需要从以产品为中心向以体验为中心转变。

2. 数字化变革：从信息传递到用户体验

卓越的体验已经成为吸引并留住客户的重要因素。创造出令人惊艳和鼓舞人心的内容则是关键。强大的体验改变了我们与周围世界的互动、娱乐、工作和相处的方式。体验可以是一对一的，如家人之间、朋友之间、同事之间、协作者之间的体验，或者更广泛的社交媒体体验。它们也可以是一对多的，如企业对消费者、企业对企业、教师对学生、政府对公民、艺术家对观众等。今天，这些以数据为基础的体验，就是我们如何冲破噪声、建立联系和影响的方式。

3. 无限数据：带来更好的结果

体验是由数据驱动的，而数据又反过来推动企业的创新体验。通过数据，我们可以创造出有意义的体验。举个例子，人们每天在网络上生产的数据有 2.5 亿字节，AI 则可以利用当中的某部分数据分析消费者与品牌互动的方式，以及放弃该品牌的原因。这有助于企业了解什么行为是有效的，什么行为是无效的，让企业更富有洞察力，从而走向一个由数据支撑且会给人们带来美好体验的创新生活。[3]

然而，AI 与技术本身无关，而是利用技术来辅助创造身临其境、意想不到的体验。随着人工智能、机器学习和深度学习的发展，机器正在变得不可或缺，并进入超人类的创新领域。

4. 基础设施：基础需求

与任何新技术一样，技术和组织必须具备一定基础，才能充分发挥 AI 的潜力和价值。你可以把基础设施看成以下五层，在这五层之上，则是 AI。

· 网络

· 硬件设备：服务项目或硬盘

· 数据模型

· 数据库

· 应用

技术必须是面向未来的——可扩展性、高度可用性、数据冗余、故障恢复、高性能、虚拟化。智能选择你的数据库，使其具备良好的可扩展性。

第二部分　人工智能的活动

5. 人工智能：人工智能革命的定义及原因

直到 20 世纪 80 年代，学校一直在教授计算机技术方面的知识。快进到今天，方法论不再是技术，而是将计算机或软件付诸行动——分发 iPads 学习数学，或是使用交互式电子白板进行阅读。

其实人工智能也有类似的情况。我们并不是从技术入手，而是专注于如何以及在哪些方面可以使用它来解决企业问题。比如，指挥家或作曲家了解乐团中各种乐器的功能，但他们不一定要能演奏每一种乐器，也不一定要知道这些乐器的构造。他们的作用是将这些乐声整合在一起，创造出一部杰作。

本质上这就是我们在商业战略层面上讨论的人工智能。客户和消费者对人工智能的技术细节不感兴趣。他们想知道 AI 能实现什么，以及 AI 技术如何服务于人和企业。

6. 超级框架：超人类策略

在一个产品同质、价格均等的情况下，优质的服务体验已成为新的营销和竞争优势。有了人工智能，企业只需轻触一个智能按钮，就可以驾驭数据，满足个性化和按需供应等需求。

本章揭示了缩写为 SUPER 的超级框架五维模型，模型描述的是人工智能如何通过下列几个要素来创新的：

S：速度（推动工作流程）

U：理解力（揭示并掌握深刻见解）

P：性能表现（也称绩效，促进客户交付定制化）

E：实验（允许再创造和反馈的迭代过程）

R：结果（提供切实的、可衡量和可优化的结果）

7. 速度：推动工作流程

人工智能将有助于提高企业效率：从生产速度到构思，到内容创建，再到内部流程。对于消费者来说，这将带来更快的服务和更快的产品交付体验。

8. 理解力：揭示并掌握深刻见解

人工智能将把创新渗透到构思过程、广告活动、服务机器人、应用、归因和交付等各个环节。本章展示了人工智能如何通过更好的理解力让服务体验变得更好。

9. 性能表现：衡量与优化

随着数据量和内容的爆炸性增长，企业需要深度拥抱人工智能和机器学习技术，以便大规模地由这些数据集中释放真正的洞察力。随着人工智能和机器学习的发展，云计算将从一个简单的自动化层演变成一个不可或缺的、贯穿整个云计算的智能结构。

10. 实验：可执行的好奇心

我们现在所处的时间点让人联想到 20 世纪 90 年代中期，互联网的早期赢家是那些发现机会并尝试解决这些问题的人。我们今天在人工智能方面的环境非常相似。然而，我们需要对人工智能实验做出系统的计划。

11. 结果：商业转变

随着人工智能的成熟，我们将能够以量化的方式衡量结果，因为 AI 可以快速处理海量数据，并根据发现的数据进行推断。这开启了 AI 的预测分析能力，并凸显了良性反馈循环的价值。

第三部分　人工智能的未来

12. 从哪里开始

在开始一个人工智能项目前，首先要回答的问题是"从哪里开始"。在开始之前，先确定要解决的问题，以及谁需要这个解决方案。我们把客户放在第一位。

13. 安全、隐私和伦理

人工智能的安全性包含两个方面：第一，人工智能本身必须是安全的；第二，人工智能可以用来提高安全性，解决当今物联网（IoT）和企业面临的某个关键的问题。

14. 昨天、明天和今天

为了更好地预测未来及其影响，在本章中，我们来看看过去。我们对未来的一些最伟大的憧憬缩影都出现在科幻小说的世界里。通过这一探索，我们揭示了人工智能旨在实现和表达的一些基本希望和承诺。

15. 新一代的创造力：改善人类体验

问题是，如果人工智能充分发挥其潜力，帮助解决世界上许多重大问题，人类该怎么办？答案是，人类的创造力与人工智能结合的力量将得到充分释放，造福于企业和世界。

16. 人工智能未来：变革世界

最终，企业力量和消费者力量将推动人工智能的发展并决定其成功与否。重要的是，AI 只是一种工具，我们应该善加利用它，并将创造力的艺术与科学相结合，创造出神奇的体验，以推动未来几年的企业创新和社会创新。利用人工智能进行创新的机会是无限的。而我们的目标是，读完这本书后，更加明白这一点。

第一部分

人工智能的基础

The AI foundation

1. 变化着的环境：

客户行为及客户期望

克里斯：你好，艾美。欢迎来到真实的世界。

艾美：你好，克里斯。今天过得怎么样？

克里斯：挺好的，谢谢。真是令人兴奋，又有一点点讽刺，这看起来是一本关于 AI 的书，但实际上，它并不是在讲述这种新兴的技术，而是在讨论新兴的文化实践。

为人类服务

艾美：没错。事物越是变化，越是不变。归根结底，AI 是要为人类服务的。我们的问题是，AI 技术如何提供服务、产品和体验，以丰富人们的生活？它的目标并不是简单地打造更智能的机器，而是打造更智能的组织、更智能的社会，并最终实现更智能的世界。

但你也知道，预测 AI 的未来是很难的，几乎可以说是不可能的。而且，类似技术如物联网、移动互联网和机器人将在 10 年或 20 年内风靡全球。只要回顾一下过去的 20 年，你就会发现，没有人能够预测到移动设备和智能手机的普及。甚至连 20 世纪的科幻故事都没有预见到互联网在我们生活中的这种爆发力。

科技改变了我们的日常生活

克里斯：如果想知道科技给我们的日常习惯带来了怎样的变化，我们只要看看过去几年手机对我们的影响有多大就知道了。在我的印象中，翻盖手机只能打电话，而现在，看似一眨眼的工夫，人们就拥有了一台功能强大的电脑、一块高清的屏幕，掌上冲浪成为现实。

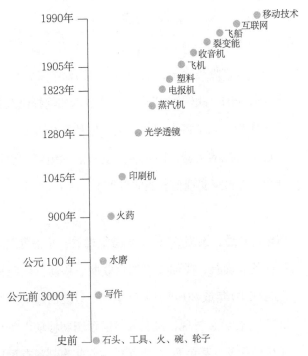

科技发展历史
来源：了不起的科学 Awesome Science

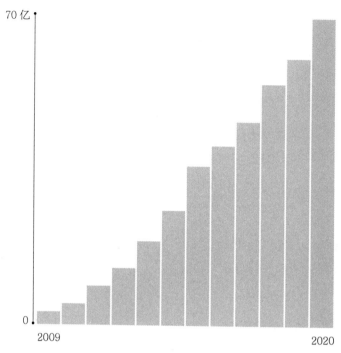

移动技术的崛起
来源：爱立信＆Tune 预测

就在前几天，我逛超市时，很多人在低头玩手机。因为人们可以用手机货比三家，也可以用手机与家人讨论自己要买的东西，在购物结束后，还能用手机叫个车送自己回家。

考虑到这些，Adobe 实验室已经开发了一个名为 Adobe

Sensei^① 的技术。它是 Adobe 的人工智能和机器学习框架，专注于解决数字体验的挑战——例如解释商店的实时人流。这个做法是为了获取购物者的习惯和信息，如他们通常购买的产品，人口统计信息和他们的消费金额。"想象一下，你走进一家杂货店，在走向货架时收到手机信息提示，说你上周买的饼干正在打折。此时你肯定会先去把它们加入购物车，然后收起手机，继续购物。"[1]

艾美：　是的，移动电子设备在我们的日常生活中使用得越来越普遍。2018 年，美国成年人预计每天要花近 3.5 个小时在非语音移动媒体上，57% 的移动用户一醒来就会立即查看智能手机。[2]

克里斯：　似乎人们总是在看手机，统计数据也确实证实了这一点。看看人们在日常生活中是如何使用手机的吧。信息服务和社交联系无孔不入，人们用智能手机来记录生活的每一个时刻，将照片和视频持续发布到他们的"照片墙"（Instagram）、"品趣志"（Pinterest）和脸书（Facebook）上，这是很常见的事情。

---

① Adobe Sensei，据查 Sensei 为"老师、先生"的日本语发音。——编者注

更有趣的是，移动设备是如何变革工作场所的？回头看看超市的例子。就拿乔氏超市（Trader Joe's）来说吧。他们使用一种名为线断路器（line busters）的移动设备来加快超市的结账速度。此外，苹果商店是最早允许顾客在店内直接用 iPhone 进行结账的商店之一，所以我们很少看到苹果商店里有顾客排队结账。[3]

艾美： 人们无时无刻不在上网。智能手表、智能手机甚至可穿戴设备都在 24 小时将个人与互联网连接起来。甚至还有人在研究智能线（smart threads），用它编织的衣服可以根据用户需求自动改变颜色和图案。[4]

智能手机的受欢迎程度使其销量不断上升。在美国，每天有 2640 万人使用手机，累计使用次数达 120 亿次。据德勤数据统计显示："今年，智能手机的普及率总体达到 82%，其中 18—24 岁的用户居多，占比达 93%。"[5]

移动技术极大地提升了企业的能力，在为客户和员工提高服务水平和可靠性的同时，也提高了企业的盈亏底线。例如，所谓的智能工厂依靠无线技术创建一个可连接的基底，以有效地促使它们根据不断变化的条件进行同步和优化。德勤数据显示："实时调整和学习数据的能力可以使智能工厂的反应速度更快、更主动、更有预测性，使企业避免停工并应对其他生产力挑战。"[6]

信息访问的民主化

克里斯： 关于技术对社会的影响，另一个研究视角是代际角度。想想看，18 岁的年轻人（大约在 2000 年或以后出生）

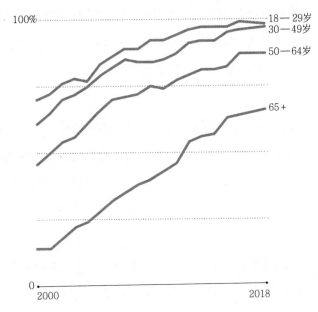

技术使用情况明细（按年龄划分）
来源：皮尤研究中心。调研时间：2000—2018 年。每年的数据均基于 2000—2018 年间的所有调研分析

出生在一个拥有移动设备、社交媒体、网络明星、平板电脑以及现在的可穿戴设备的世界，这是他们生活的现实世界，也是他们对世界的根本看法。

对于他们来说，在任何时候与任何人沟通任何事都是毫不费力的，所以他们看待事物的观点也有所不同。他们在网上买个比萨，一个小时就能送达；甚至他们用手机或平板电脑买车，都是很正常的事情。他们的期望不仅对几代人产生了光环效应，也对企业产生了影响。[7]

艾美：　归根结底，这实现了互联网最初的承诺，即信息的民主化和信息的高触达率。看看非洲是如何超越笔记本电脑和台式机技术的，它现在正成为众所周知的移动互联大陆。事实上，无人机正与先进的移动技术协同，以便在没有发达的交通和通信基础设施的地区有效地运输产品。

一家名为捷肤联（Zipline）的公司通过无人机向非洲和南美的农村地区运送紧急药品。《商业内幕》报道说："在非洲，无人机正得到更多人的认可，（它们）正越来越多地被使用。喀麦隆、摩洛哥、马拉维、南非、卢旺达和肯尼亚等国家允许在旅游、医疗服务和电子商务行业使用无人机。"[8]

互联网无处不在的特性与移动技术相结合，催生了 AI 赋能型客户。然而，他们不仅仅是客户，也是人。企业和品牌必须为用户提供服务，否则他们会发现自己被淘汰，失去市场份额。看看优步（Uber）和爱彼迎（Airbnb）引起的革命就知道，专注于未被满足需求的公司或服务客户的公司，是如何迅速超越那些专注于产品而非体验的传统企业的。[9]

持续联系

克里斯：这意味着企业无论何时何地都能与用户联系在一起，这适用于跨设备的物理或数字环境。

再进一步说，媒体习惯已经发生了巨大的变化。毋庸置疑，现在已经不再仅仅是电视广告的问题了，由少数竞争网络以广告为中心而设计电视节目，这样的时代早已过去。21 世纪的媒体是关于与真人进行个人的、符合情境和与之相关的对话。在不久的将来，虚拟现实（VR）和增强现实（AR）将进一步改变企业和消费者之间的关系。

艾美： 令人激动的是，AR 将对零售业产生影响，因为我们现在看到 AR 技术已经嵌入到许多操作系统中。今天，你可以走进一家实体店，举起你的智能手机，看看一件衬衫穿在你身上会是什么样子。或者，你走进当地的杂货店，将智能手机对准一种食品，就能得到一份食谱的互补清单。

另一个例子是物联网。在物联网中，智能设备正在变得具有预测性和暗示性。智能设备可以通过你的语音、语调来检测你是否疲惫，并提出建议。比如建议你煮一杯咖啡，或者建议你该睡一会儿了。

在医疗物联网（IoMT）中，智能马桶可以自动采集样本，监测健康状况。这些监测结果可以让医生了解一个人每天身体状况的变化，并能够在健康状况变得危及生命之前将严重的医疗疾病诊断出来。[10]

克里斯： 一方面是这些技术，另一方面考虑到整个环境中触达个体的方式激增，因此，如今要引起人们的注意十分困难。这里所说的技术包含使用率日益增加的移动技术、跨屏幕和跨平台的信息接收能力，以及 AR、可穿戴设备和智能语音等新技术。

看看亚马逊有声书服务就知道了。你可以在亚马逊电视（Amazon Fire TV）上听有声读物，在地铁里用智能手机听，坐在公园的树下用亚马逊电子阅读器 Kindle 看完这本书。无论在什么平台，亚马逊生态系统都会记住你在每本有声读物中的位置，它甚至可以在非亚马逊设备上使用应用程序工作。

科技的使用

艾美： 正是如此。注意力是稀缺的，但技术可以节省时间，使生活变得更方便、快捷，这才是人们和企业的真正价值所在。以洛杉矶和纽约等大城市的摩天大楼和建筑上的户外广告为例——这些都变得更加智能，因为信息和图像不仅可以远程编程，甚至可以根据环境中的视觉或听觉线索，分分钟改变。

如果这还不够复杂，那就想想，工作和生活的融合之处已经变得比以往任何时候都要多了。越来越受欢迎的零工经济意味着人们可以在世界上的任何地方为多个雇主工作。他们可以在家里、海滩、公园或办公室里工作，只要方便就可以。

现在，数字艺术家在手机或平板电脑使用 Adobe 产品等应用软件以创建二维和三维（3D）图形甚至动画时，他们可能根本不需要踏进办公室一步，因为几乎没有人的应用需要在现场执行。事实上，随着 3D 打印机的成熟，远程创造实物产品也是有可能的。

克里斯：　回到流动性问题。看看在线学习的转变。课程可以定制化和个性化，以适应个人的确切需求、时间安排和预算，而且可以利用移动技术在任何地方和任何时间进行学习。

优得米在线教育（Udemy）等公司提供的课程短小精悍，针对性强，适合在休息、午餐和项目间隙等方便的时间学习。这种颠覆性的技术有望彻底改变教育工作方式，使之成为一种更新、更精简的模式。

团队协作

艾美：　那我们来讨论下团队协作的问题。在团队协作中，团队可以在广泛而分散的地方一起工作或游戏。想想现在的多人游戏中（常被称为大型多人在线游戏，简称 MMOG），人们可以彼此互动，或与游戏角色进行实时互动。

虚拟世界的例子有《道路方块》(*Roadblocks*)、《沙盒游戏》(*Minecraft*)和《十四夜》(*Fortenight*),比较特别的是《第二人生》(*Second Life*)。《第二人生》允许个体在一个人造世界中过着虚拟的生活。在这个世界中赚到的钱可以转入现实生活中的银行账户,这实际上是创造了以虚拟人物为谋生手段的机会。

克里斯: 不仅物理工作与生活世界在融合,虚拟世界也同样在与这两个现实世界交融,这难道还不够令人着迷吗?我曾经和一个在《第二人生》游戏里创办咖啡馆的一个朋友聊过,他雇用了虚拟服务员(扮演虚拟人物的人),现在他靠着虚拟的生意过上了好日子。

美国商业报刊《公司》曾提出,未来十年内,50% 的标普 500 强公司将会被取代。而这些颠覆性的技术正是它提出这一论点的一个依据。公司必须向数字化的新现实过渡,其中包括学习如何更有效地营销。[11]

市场营销成为对话

艾美: 是的,网络营销不再是独白,它正在成为一种对话。购物过程已经成为对用户在多渠道和多平台上购物之旅的反映。这给市场营销带来了巨大的挑战，因为购物过程和客户行为已经变得十分复杂。市场营销和企业沟通必须不断发展，以反映新的现实情况。

看看互联网广告是如何从简单的横幅广告发展成为一个复杂的互动社交平台的。在这个平台上，需要人们的互动，同时也可以定位用户的特定需求。以 Facebook 为例，它不再是单纯的社交平台——它正在成为这个世界上大多数人网络生活的媒体出口和中心。信息可以通过类似受众模型（lookalike modelling）及类似技术进行高度和精确的定位。

克里斯：要说举个合适的例子的话，我们可以来看看复杂的购物过程——一个人利用社交媒体进行搜索，并研究评论，在不同的网站或应用中比较款式，然后进入实体商店考察产品。最后，他再上网购买心仪的产品，由无人机送至家门口。

客户的购物旅程本质上是发现、尝试、购买、使用和回购。而这也是在没有正确的软件的情况下，可衡量性和归因如此具有挑战性的原因。在复杂的购物环境中，如何才能直接将广告的效果发挥出来？

艾美： 答案是利用广泛分散的、去库存的数据库，并利用预测性分析来获得更全面的视角，洞察市场动态和机会。这就是大数据的挑战，我们将在后面详细讨论。需要注意的是，数据必须存在，并且是可以访问的，这样才能让人工智能取得成功。

克里斯： 没错，艾美，这些新技术的确催生了很多领先的产品。但实际上，它还是以人为本。顾客想要什么？我们如何帮助他们实现他们想要的呢？

人工智能的真正使命

艾美： 要记住的重要事实是，我们讨论的这些技术都不是为了取代人类。相反，人类和人工智能将共同创造一个勇敢的新世界。在这个世界里，人们将自由地使用他们天生的创造能力和被放大的智慧，而不用担心那些被称为平凡、重复、坦率而无聊的任务的苦差事。这就是人工智能的真正使命。

2. 数字化变革：

从信息传递到用户体验

克里斯： 我们已经确立了互联客户和数字颠覆在文化上的转变。现在，我们将讨论创造性体验的必要性。

艾美： 正如我们谈论到的，请记住，我并不是人类。体验对我来说是一种抽象的思想。从字典里，我知道它的定义，但我并不了解它真正的含义。换句话说，我没有体验过。

克里斯： 哈哈，谢谢你的提醒。

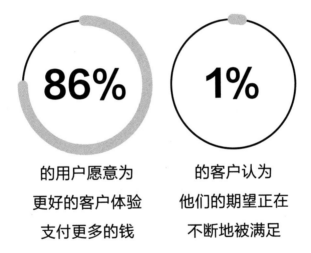

86%
的用户愿意为
更好的客户体验
支付更多的钱

1%
的客户认为
他们的期望正在
不断地被满足

来源：布莱恩·索利斯，《X：商业与设计相遇时的体验》（威利出版社，2015）

参与体验

　　构建用户体验的概念是由布莱恩·索利斯提出的。他将体验定义为客户与品牌或公司接触的所有互动的总和。布莱恩谈到了客户和企业如何在客户生命周期的每一个触点和每一个"关键时刻"进行互动。我想补充的是，这也可以应用于其他互动，比如员工与雇主的互动、病人与医生的互动、企业之间的互动，以及其他类型的互动。[1]

艾美：　　这是有道理的，但让我们来谈谈实际应用，这样我才能更好地理解如何应用这个概念。

克里斯：　那么我们从客户体验的先驱——亚马逊开始吧。我们先看他们的标志（logo）。这是一张笑脸，表明他们不仅专注于交付产品，也专注于给用户带来极致的体验。人们喜欢微笑，亚马逊用 logo 告诉他们，在亚马逊获得的产品和服务是会令他们感到快乐的。

艾美：　　说得好，提供极致体验的目标必须贯穿整个过程。

克里斯：　是的，这只是其中的一个触点，它强化了客户对整个体验的满意度。在别人看来，他们是在说，亚马逊为你做的一切服务都将会令你感到满意。当然，前提是他们所做的正是亚马逊的 logo 所代表的含义。

艾美：　亚马逊确保人们从网站到下单、从下单到配送、从配送到处理投诉等，整个过程的体验都是优化过的，不会给客户带来任何不悦。他们实体店的设计也是为了强化这种精神。

克里斯：　但亚马逊并没有止步于此，从履单中心（fulfilment）到配送服务再到网站，亚马逊提供最佳服务的理念渗透在他们的整个运营中。亚马逊的仓库设计是以最高效率运行为目标的，他们巧妙而智能地管控机器人、物流甚至产品的摆放，从而造就优化的履单体验。

　　而且，要记得，你现在可以直接通过 Alexa 语音订购产品。

艾美：　啊，是的，我知道 Alexa，而且我对其他语音助手也很熟悉。除了像 Alexa Echo 这样的智能语音助手外，还有 Google Home 和 Apple Homepod。

有了语音，品牌和公司就有了很多机会，可以用有意义的方式把事情变得简单。你可以在早上刷牙的时候，向Alexa 询问当时的温度和交通情况。这些都是为了给客户提供定制化的信息、服务和产品。

这一点在企业环境中同样适用。通过语音，医生可以询问药物的副作用，卡车司机可以规划路线、经理可以预订会议室。AI 应用是无止境的，未来是令人兴奋的。

克里斯：可别忘了像微软小娜、谷歌助手和 Siri 这样的虚拟助手。他们可以访问手机、平板电脑和计算机。未来，你甚至可以发现这些助手在当地市场的收银台帮你结账，在加油站加油。甚至还有一个与美国邮政服务合作的名为产品盒子（Product Box）的计划，它可以由语音激活，使邮寄和跟踪包裹变得方便起来。

你可以使用智能手机上的美乐比萨饼（Domino's Pizza）应用软件来订购比萨，它是一个虚拟的订购助手。星巴克也有类似的应用，被称为"我的星巴克咖啡师"（My Starbucks Barista），人们可以直接用手机点餐，就像在店里向真人点餐一样。[2]

乐喜金星电子（LG Electronics）推出了一款新的联网冰箱，人们可以在网络杂货店下单（嵌入了亚马逊Alexa），甚至可以记录截止日期。[3]

这些只是语音技术改善用户体验的例子中的冰山一角。

艾美： 企业为了改善不同用户触点的体验，做了很多事情。企业需要客户来生存、扩张和竞争，而一个品牌的客户是通过良好的体验来赢得的。更重要的是，好的体验意味着客户会再次光临。[4]

《彭博商业周刊》的一项调查发现，"提供良好的客户体验"已经成为企业的当务之急。在接受调查的企业中，有80%的企业将客户服务作为首要战略目标之一。[5]

痛点

克里斯： 我们再来谈谈如何根据客户的喜好、以往的习惯以及行为进行个性化服务和定制服务。

艾美： 企业要确定客户痛点，这些痛点是客户购物过程中不容易完成、导致挫折，甚至造成其放弃购买的因素。这些都是提升客户体验的机会。

克里斯：网飞（Netflix）就是一个成功识别用户痛点并为用户谋取利益的好例子。根据用户的历史记录和过去的观看习惯，进行预测并给用户提供可能感兴趣的节目和电影推荐。[6]

许多银行都要求客户回答一系列详细的安全问题，以授予在线、自动化服务的访问权。为了让客户更便捷，现在可以启用语音认证，来作为一种更安全和更快的方式进行积极识别。[7]一些银行将你的电话号码判定为识别你的另一种方式，无须询问私人问题。

艾美：说到银行，为了防止信用卡诈骗，银行会对每个客户及其信用卡进行档案维护，记录客户的常规使用习惯，包括他们的打字速度、导航习惯，甚至手指按键时的压力等信息。如果有人试图从客户的历史记录中收集的标准偏差之外进行收费，欺诈处理部门就会被通知打电话给信用卡持卡人以验证身份。这就是了解和掌握客户习惯的好处的一个例子。最重要的是，这对客户和商户都有直接的好处。[8]

克里斯：医疗领域的痛点之一则是需要亲自去医院，并可能在候
诊室长时间等待。为了解决这一难题，新的远程医疗应
用使患者能够使用他们的智能手机来预约，然后通过文
字、语音甚至视频与医生或其他医疗专家远程会面，从
而减少因非紧急情况而去急诊科和医生办公室的次数，
而医院、医生和保险公司都能从这些趋势中获益。患者
可以从医疗专家或医生那里得到优质的护理，而无须开
车去医生办公室，在充满细菌的候诊室里等待。[9]

艾美：看看苹果工具包（AppleKit）在做什么吧。你把所有的
医疗数据收集到应用中，然后智能手机会根据你的具体
活动和医疗需求提出建议。它可以提醒你吃药、站起来、
呼吸降低心率，或者提醒你做日常运动。这就是个性化
提高客户生活质量的一大用途。[10]

创造独特且有趣的体验

克里斯：这是未来个性化在更大范围内的一个辉煌的应用。想想
吧，一个所谓的智慧城市，它知道体育赛事的日程安排。

当某项活动发生时，企业会自动收到通知，以便他们储备物资，继续营业，雇用临时员工或经营特价商品。智能街道可以监测车辆和行人交通，以便在发生事故时自动改变路线，通知企业或提供紧急服务。所有这些都可以在没有人为干预的情况下完成。[11] 换句话说，整个城市可以根据市民的习惯和日常生活而变得个性化。

艾美：　　这是一个令人印象深刻的创新案例。下面我们再来谈谈个性化是如何帮助拥有忠诚客户的商家的。

克里斯：　好吧，有一件事要记住——它不仅仅是关于一次体验或一个触点的，而是关于整个客户的购物旅程。一个设计不佳的互动所产生的挫折感可能会毁掉整个品牌的形象，导致客户寻找其他的替代方案。

下面，我们就来看看一辆新车的选购体验。有一些非常棒的应用程序，你可以根据汽车型号和品牌来设计，定制你自己的汽车。更进一步，你可以进行一次"虚拟旋转"，这是一次模拟试驾。那么我们认为，你，我们假想中的客户，在这次体验中感到十分愉快。

现在，你用这个应用程序预先审批信用，几分钟之内你就能通过初审，获得足够的钱来买车。它甚至会给你推荐当地的经销商，并顺手生成一张地图，为你预约购车服务。然后你会收到一份现有汽车以旧换新的估价报告，应用程序会在前一天发送短信提醒你预约的时间。

到目前为止，体验还不错。你很高兴，因为你设计的车满足了你的需求，你可以申请信用贷款，你了解了以旧换新的价格，也知道预约买车的时间。

约定的大日子到了，你提前 5 分钟到经销商那里。然而你很快发现，现场并没有销售人员接待你，这令人有些沮丧，但是你也明白，有时候事情并不会那么完美。你可能会想，是销售生病了，或者是出于其他原因不能来。

所以，你一等再等，15 分钟后，依然没有人跟你打招呼，所以你问经理"这是怎么回事"。他调查了这件事，并告诉你他们从来没有收到这次的预约。更糟糕的是，你如此苦心经营设计的汽车不仅没有现货，而且你想要的额外配置在那款车型上也行不通。现在你心烦意乱，经理表示很理解，并亲自帮助你解决问题。然而你认为太晚了，所以你决定离开，改天再看。

正如你所看到的，体验开始得很完美，但是复杂的购买周期中的小故障使销售脱轨。汽车经销商丢了生意，销售人员没拿到佣金，你也没有买到你想要的车。

这只是假设中的需要仔细协调客户体验的一个例子。这个场景引入了复杂性，因为有几个不同的公司和应用程序参与到这个过程之中，并且无法进行良好的衔接。导致这个问题的原因在于：在预约时向经销商发送电子邮件或消息时信息传送失败。这个简单的错误使得企业损失了数千美元，还丢了一个终身客户。

更糟的是，沮丧的你很可能在社交媒体上发了一条充满感情的咆哮，在美国最大的点评网站 Yelp 和谷歌上留下负面评论，然后在 Facebook 上告诉你的 1000 个朋友尽量避免这样的事情，这可能会导致企业在未来几个月甚至几年里失去更多的销量。这说明，一次糟糕的互动会像滚雪球一样迅速演变成一场公关挑战。

当然，错误确实偶尔会发生。解决方案是要确保这些用户痛点在系统设计时就已经优化过。

假设你想从亚马逊网站上订购一些东西。你打开网站，速度很快，然后搜索，并在几分钟之内找到产品，你阅读客户评论（其中大部分是积极的），然后下单。亚马逊提供当日下单、当日发货服务，而你也想在当天收到产品，所以你勾选了这个选项。更好的是，这项服务是免费的，因为你是亚马逊金牌会员。

不幸的是，产品并没有在他们承诺的时间送达，所以你给他们的客服打了个电话。你和人工客服交谈，几分钟之内他们就把你直接连接到当地的物流主管。她迅速识别你的包裹，并确定它被送到了错误的地址。于是她联系到在线上的快递员，在可能的情况下收回包裹并递送给你，不管多晚。一个小时后，快递员充满歉意地将快递送到你手上。30 分钟内，你就可以在社交媒体上热情地告诉你所有的朋友这个伟大的服务，有效地让你成为这个品牌的倡导者，尽管他们在送货时犯了错误。整个过程中，这个问题得到了迅速、有效的处理，最重要的是，亚马逊成功地解决了问题。

这是在复杂的体验中建立对错误的容忍度的一个例子。错误总是会发生的，并且它们是客户和其他所有相关人员之间摩擦的主要来源。如果你的系统没有考虑到这些问题，那么不管你的产品和服务有多好，你的销售额都会下降，你的品牌也会受损。

正如我们刚才所看到的，系统不再只是与独特的销售主张或价格相关。现在的关注点正通过为客户和员工创造独特有趣的体验而走向差异化。在当今市场上蓬勃发展的公司已经意识到他们所提供的其实是客户体验服务。

员工的忠诚度

艾美： 确实。用户体验需要照顾到两方面——企业不仅要为客户，也要为员工创造良好的体验。

克里斯： 对于员工来说，一次伟大的体验不仅增强了创新，而且还提高了员工的忠诚度和留用度。

成功建立员工忠诚度的方法是建立团体意识并设立共同的目的，这样员工就会觉得他们和组织有共同的目标。

他们明白，他们为团体的成功做出了贡献，并从自己的努力中获益。

正因如此，员工不会觉得自己宛如轮子上孤立的齿轮，也不会不清楚自己的努力和其他人的工作之间的关系。他们知道自己的工作是有价值的，而且，他们的声音是有被听到的。

这已经超越了表面的价值了。从根本上说，人与人之间的联系是与生俱来 [12] 的。当他们有了团体意识，他们就有了更好的全维度的工作体验，这也增强了他们的工作动力，提高了工作效率。

一个很好的例子是努比服务（Knowbe4），这是一家位于佛罗里达州克利尔沃特市的公司。公司每天召集员工开会，快速讨论重要事件，比如一天的目标，公司运营得如何，等等。团队成员围成一圈坐在懒人沙发上，并不像正式会议那样严肃紧张。

团队里的所有成员都会享受到公司财务成功的福利，除了基本薪水之外，还有奖金。如果公司发展得好，自然员工们的奖金也就会多。

这种性质的仪式有助于创造一种目标感和社区感，最终成为一种持续的伟大的职场体验。员工会因此生产出更多、更高质量的产品。

艾美：　我好奇这是如何转化为客户体验的。

克里斯：积极主动的员工如果觉得自己是公司愿景的一部分，就会提供更好的服务，在生产线上犯更少的错误，并对客户有更强的同理心。

由于员工了解自己在组织中的作用，并且知道自己行为的影响，他们会更加专注于为客户提供更好的服务体验。

我们倾向于把客户看作是那些购买我们产品和服务的人。但是，了解内部客户也是很重要的。内部 IT 部门监督维修平板电脑、台式机和手机等电脑资源。他们的客户是公司内部的最终用户，他们的价值是给公司的员工一个很棒的体验。

艾美： 　整体体验架构互联深入。很明显，生态系统在本质上是共生的，因为每一个单独的部分都取决于每一个其他部分的表现如何。组织只是另一种类型的生态系统。在体验文化中，一切都必须像瑞士手表中精细调整的齿轮一样协同工作。

克里斯： 　这就加强了企业设身处地为员工和客户着想的必要性。正如我们刚才所讨论的，体验设计是非常复杂的，大数据的真正价值正在发挥作用，从而揭秘如何让极致体验变得个性化。

　　如果没有数据策略和基础设施的支持，就不可能创造出极致体验。如果你不了解你的客户（和员工），那么你就不能给到他们一个非常棒的体验。

　　了解客户的唯一方法是收集、维护和分析关于他们的需求、习惯和选择的信息。如果企业拥有数据基础，那就可以通过数据分析来了解客户的体验需求。

艾美： 　好吧，如果说设计好的体验是复杂的，那么我们接下来关于数据和分析的讨论就更加复杂了。

体验文化

克里斯：创造和维持一种体验文化依赖于信息。你必须了解员工
和客户的行为举止、愿望要求和活动方式，以给予他们
极致的体验。这意味着，必须迅速有效地收集、存储、
分类和理解大量数据。

艾美：没有数据，就不可能给予用户最佳的体验。

克里斯：对的，体验文化带来了一系列的挑战。然而，这些挑战
也带来了巨大的机遇。

3. 无限数据：

带来更好的结果

克里斯： 现在，我们要说的是数据，它是人工智能的燃料。让我们从数据的定义及其来源开始聊吧。

艾美： 这是一个很大的话题，有很多要谈的，那我们开始吧。你喝咖啡了吗？因为我们可能会在这里待一段时间。

什么是数据

克里斯： 好的，我们开始吧。艾美，数据的确切定义是什么？

艾美： 词典上说，数据是指"个别的事实、统计数字或信息项目"。

比如说你当前的位置是一个数据点，这指的是一个单一的数据（数据有时也被称为基准）。你的电话号码、银行账号和任何其他关于你的信息也是数据，信息的集合也被称为数据。

你汽车里的电脑一直在收集数据。发动机的健康状况不断被监控和记录。发动机温度、当前行驶里程，甚至轮胎压力都会被记录下来。汽车内的全球定位系统（GPS）

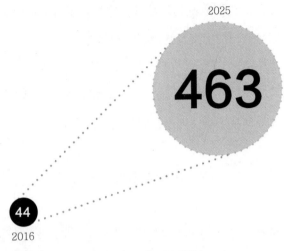

2025

463

44

2016

全球每天生产的数据（10亿GB/天）

是导航系统的一部分，记录着你去过的每一个地方。所有这些形成了一幅关于汽车健康状况和驾驶习惯的图片。

克里斯：营销人员对客户的数据非常感兴趣，比如客户住在哪儿、客户个人信息、客户在线时的行为和偏好，以及他们搜索产品和购买产品的模式。

电子健康记录（EHRs）已经替代纸质记录成为一个存储健康信息的方式。这些旧文件与医生探病时的记录、测试结果、过敏史、药物记录及家族病史的记录都合并在一起。所有源于你的医生和专家的信息都会被存储在一个地方，这个地方不仅你可以访问，你的医生、医学实验室、医学成像设施、药房、学校诊所等被你授权过的任何人都可以访问。这些包含了你医疗服务信息中所涉及的每一条数据。有了完整的信息后，你的医生和其他的医护人员，可以更快、更安全地做出更明智的决定。[1,2]

艾美：　想象一下亚马逊生成的关于你今天下单的数据量。很明显，他们知道你下单的物品及收货地址，但他们也会分配条形码，这样一来，他们就能在包裹由联合包裹（UPS）、美国邮政（USPS）、联邦快递（FedEx）或亚马逊自己的快递服务公司运送到你所在的地方时被识别出来。在任何时候，你都可以进入应用程序，跟踪你的包裹最后一次被托运人扫描的位置。对于单个包裹来说，这也是很多的数据。

　　　　但亚马逊的单个包裹服务甚至更远。该公司正在推出亚马逊智能锁系统（Amazon Key），可供亚马逊金牌会员使用，系统允许快递服务人员进入你家，将包裹放在安全的地方，以防小偷偷窃（包裹失窃已成为一个主要问题）。当你订购这项服务时，你会收到一个网络摄像头和一把特殊的锁，亚马逊可以远程解锁，让快递服务人员获得准入许可。亚马逊保留这些视频是为了证明快递服务人员的诚实。这给了亚马逊更多关于你的信息。[3]

数据的复杂性

克里斯：这就是数据的力量所在。收集所有这些信息是一个难题，因为它是劳动密集型的、复杂的，需要大量的资源，如通信、基础设施（如光盘存储），以及防止黑客和未经授权的访问。

艾美：想想亚马逊或易趣（eBay）这样的公司和他们的数据。让我们来详细介绍一个看似简单的交易。

每个单独的产品单元都有条形码标志，它的所有信息都存储在亚马逊的数据库中，包括尺寸、在仓库中的位置、状态，以及你能想象到的其他一切。

当客户订购该产品时，亚马逊必须从仓库中揽收该产品（无论在哪儿），并与客户同时订购的其他产品一起装箱。

亚马逊不仅追踪每一批货，还追踪这些箱子里的每一件商品。

现在，这个箱子必须分配给合适的快递公司，可以是USPS、UPS、FedEx，或者亚马逊自己的快递服务。箱子被贴上条形码后，被快递公司揽收，然后快递公司将物流记录转发给商家。这些数据存储在商家的数据库中。快递送达后，客户会收到一条短信和一封电子邮件作为确认凭证。

那么，你想想这个流程中有多少个接触点？仓库、快递公司、商家（可能不止一家）、电子邮件、短信以及亚马逊自己的电脑和数据库。这个复杂的运营流程令人感到惊讶。它做了很多简化，以至于你几乎感受不到它的存在。这是对整个过程的简化，实际上这个过程要复杂得多。

而问题在于，关于交易的所有信息或数据，都被许多公司捕获并存储在服务器（企业使用的一种专用计算机）上，而且这些信息随时会发生变化。但所有这些信息都必须被捕捉、被组织，并建立索引，同时保持高水平的性能表现。

存储数据

克里斯： 接下来就是将所有这些数据存储在哪里的问题。

艾美： 我们先从云概念说起。这个概念其实很简单。在传统计算中，服务是在本地执行的，即在企业的单个计算机上执行的。而在云计算中，那些服务托管在互联网上，可能是在隔壁，也可能是在 100 英里之外，甚至在另一个大陆上。实际上，使用云服务的企业往往不知道资源的位置。

在很多情况下，所有信息都存储在云上。对于亚马逊来说，他们使用亚马逊云（AWS），AWS 代表亚马逊网络服务。谷歌也有一个类似的产品叫谷歌云平台，微软称他们的产品为微软 Azure。还有其他云托管服务。

许多公司创建自己的云服务，仅供内部使用。这些被称为私有云。对于企业来说，使用外部云服务和内部私有云资源的混合模式正变得越来越普遍。

克里斯： 另外，云的可访问性和低成本引发了软件即服务平台

（SaaS）的兴起。通常，这些都是在云上运行的应用程序。Adobe 创意云、文档云和体验云（Document and Experience Cloud）以及微软 365（Microsoft 365）都是为企业和消费者提供这类服务的优质案例。其实，我们也可以写一本有关于云服务的积极影响的书，但是这个就超出这次讨论的范畴了。

艾美： 你可以看到数据存储是如何变得复杂的。企业的数据可以存储在本地服务器上，也可以存储在全国各地的云服务器上。此外，他们还可以访问其他销售商、客户和供应商的信息，就像亚马逊在运送和跟踪包裹时对快递公司所做的那样。

克里斯： 稍后，我们将更多地讨论一下支持这些数据和计算所需要的基础设施。就目前而言，管理这些海量数据可能令人望而生畏，但人工智能的优势是巨大的。

艾美： 拥有所有的信息是非常棒的，但是如果不能使用，这些信息就没有多大用处。

克里斯： 是的。收集和存储后，必须准备好数据，以便能够以良好性能的结构化方式进行报告、跟踪、收集、洞察，等等。

艾美： 一个很好的例子是，物联网面临的最大挑战之一是用专有的数据结构、通信介质和接口连接不同的设备。

克里斯： 艾美，现在事情变得更复杂了。全球各个国家的设备，使用的是不同的编程语言，沟通的方式也有所不同。

利用数据

艾美： 令人兴奋的是，我们可以利用数据来识别广泛的用户群，以及使用模式识别的案例及趋势。比如智能咖啡机，其设计目的是将消费者的咖啡饮用习惯传递给厂商。这些信息可以与消费者的社交媒体信息流进行比较，看他们是否在讨论该品牌，还可以与其他信息进行关联，看是否可以预测某些趋势。一些问题包括，那些煮更多咖啡的人是否会购买某些东西？是否会更经常地娱乐，或看更多的电视节目？当然，其中一些信息需要来自其他物联网设备，如智能电视和智能冰箱。[4]

克里斯： 最终，所有这些数据都被用于提高洞察力、提高利润，以及加快决策制定。而这其中面临的挑战之一是消除信息孤岛并有效地组织数据。

信息有不同的来源。一个销售公司可以将数据存储在三个环节——发货、收货和客户支持。每一个环节都是一个不同的信息孤岛（information silo）。为了获得最大的价值，重要的就是能够通过引用来自这三个孤岛的数据来看到更广阔的图景。

当你考虑到还有不同类型的数据时，这就变得更加复杂了。对于客户，你需要存储他们的电话号码（这是一种简单的数据类型）和销售历史记录（这是一组更复杂的数据）。

基本上有两种类型的数据集。结构化数据（structured data）是以易于理解的格式存在的，例如姓名、年龄、性别和日期。非结构化数据（unstructured data）则有多个来源，并且有不同的格式。YouTube 视频、Twitter 推文、Facebook 帖子和评论都是非结构化数据。

据美国数字营销公司万扑网（OneUpWeb）报道：

非结构化数据基本上就是一切——如果数据不能容易地
被分类，那么它就是非结构化的。用户生成的内容和用
户活动是非结构化数据的很大一部分。这包括上传到
YouTube 上的视频（每分钟上传 100 多个小时）和在社
交媒体账户上发布的评论（2012 年仅在 Facebook 上每分
钟就有 51 万条评论被发布）。非结构化数据还包括被动
生成的信息，如手机生成的 GPS 定位数据。[5]

数据战略

艾美：　我知道这有多么重要，但最终这一切都是为了更好的创
新、决策和改进而制定的数据战略。

克里斯：与任何战略一样，想要发挥作用，就必须在一个组织内
部达成一致意见，甚至必须在一个或多个其他组织之间
达成一致意见。举个例子，批发商发送给商家和仓库的
信息采用的是电子数据交换（EDI）的标准。[6]这就允许
了产品、订单等信息以电子方式传输。显然，仓库软件
必须识别 EDI 记录的格式才能使用它们。

如果没有达成一致的标准，即使是简单的任务，数据也会变得不那么有用，对于人工智能等更高级的功能也是无用的。

艾美：　企业必须实行进攻性和防御性的数据战略。一方面，利用防御性战略来满足监管要求、减少开支、降低风险和实现其他业务目标。另一方面，进攻性战略旨在提高收入、创造新产品和服务、产生投资回报，并在总体上以某种方式扩大业务。[7]

克里斯：　一旦确定了数据战略的定义，竞争优势就会很明显。这个从贝宝（PayPal）的欺诈检测案例就能看出来。算法决定购买价格是否超出正常标准差。如果是这样，反欺诈部门就会收到通知，客户可能需要验证自己的身份，表明自己已付费。或者在问题解决前，账户可能都会被锁定。这让客户感到安心，因为他们知道自己受到了保护，PayPal 的品牌影响力也得到了提升。

PayPal 通过采用以欺诈政策为后备的数据战略，将客户放在第一位，保护他们的账户和资金安全，从而获得了竞争优势。出于这个和其他的原因，PayPal 成为世界上顶尖的支付软件之一。

艾美：　因为 PayPal 利用机器学习不断提高他们的欺诈检测能力，即使是新类型的恶意活动也会被迅速发现并阻止。他们的渐进产品改进策略增加了收入流，帮助他们保持市场领先地位。

　　　　问题始终是如何获取和准备数据。在获取数据后，必须对数据进行格式化处理、过滤处理、结构化处理、建立索引并运行，才可以投入使用。原始信息对任何人都没有好处，因为它无法被有效地利用。根据《哈佛商业评论》，"80% 的工作涉及数据获取和数据准备"。[8]

克里斯：　而且，数据必须被存储、被处理，而这就涉及时间和成本问题。为了完成工作，我们需要大量的磁盘场和计算能力等基础设施。稍后，我们将更多地讨论基础设施；对于人工智能来说，这是一块很大的拼图，而且不是"一刀切"的。

　　　　据思科预计，到 2019 年，物联网每年将产生超过 500 泽字节（一泽字节等于 1 万亿千兆字节）的互联网流量。[9]

所有这些信息都需要存储在某个地方，然后进行分类和索引，以便有所用处。

艾美： 沃尔玛能够如此成功，有一部分就是因为他们的物流和供应链。这家公司在 2014 财年的总收入为 4760 亿美元，共有 4100 多家门店，并运营着庞大的供应链，将产品从供应商和仓库配送到门店。因为他们的供应链得到优化，所以他们节省了时间，更有效地管理库存，并提升了产品预测能力。沃尔玛投资新兴技术，以提高他们供应系统的效率。他们使用从分销系统中的所有点收集的数据来辅助需求计划制订、预测判定、库存管理及其他领域。[10]

克里斯： 这是一个利用数据作为一种战略来改进业务的很好的例子。沃尔玛和许多零售商一样，受到了 2008 年经济衰退的影响。他们采取了进攻性和防御性战略，从货架上移除数千个边缘库存量单位（SKU），以减少品种杂乱，专注于增长更快的产品类别，并提高供应链效率。[11]

还有无数例子。因为每个企业都有一个数据战略，不管它是否被正式定义。如果企业没有陈述或思考他们的战略，就会有人为他们定义一个战略。小型企业可能不会考虑数据，但他们会使用信息来解决业务问题。即使是由单个商店组成的企业也会验证信用卡、订单和库存，等等。因此，所有企业，无论规模大小，都会利用数据来满足其需求。

艾美： 考虑因素有很多，从技术要求到技术实现，再到日常使用，以及所有适用于企业信息技术战略的所有方式。

克里斯： 记住，一个企业必须从它的企业战略开始，然后将组织的所有部分联合起来，共同努力实现企业战略。数据应该由企业战略驱动，而不是用数据来驱动企业战略。当企业允许数据和基础设施来驱动他们的企业战略时，他们就会陷入困境。

对于企业来说，基于基础设施和数据模型限制其增长是很常见的。这种行为使他们的反应机会迟缓，并往往限制他们的拓展。

艾美： 回到我们前面的讨论，当企业把顾客和员工放在第一位时，企业就会繁荣起来。正如《哈佛商业评论》所指出的，"谷歌、亚马逊和其他公司的繁荣不是靠给客户提供信息，而是靠给他们提供方便决策和行动的途径"。[12]

克里斯：通常情况下，公司的基础设施不容易扩展，而且也不能与业务战略保持同步。这会阻碍企业扩张，让竞争对手获得更大的立足点。假设你有一家零售企业，它的战略是全球化，一年内扩张 50 家门店。如果企业没有在基础设施和数据模型上进行投资，那么这个目标将无法实现。

艾美：这难道不是事实吗？看来基础设施很重要。

克里斯：基础设施至关重要。这是一场围绕数据展开的扣人心弦的讨论。很高兴看到这种艺术和科学的结合，以及用系统的逻辑引出见解的创造性。一种预测是，一些最具创新性的想法将会从传统上以左脑为基础的（逻辑）学科中产生。

艾美：我认为我们现在应该花一些时间来谈谈可扩展且具有成本效益的解决方案。

4. 基础设施:

基础需要

艾美： 克里斯，换个电灯泡需要几个软件工程师？

克里斯： 我不知道，艾美。

艾美： 一个都不需要，这是个硬件问题。

克里斯： 有趣。说到硬件，AI 其实需要基础设施。我的意思是，我们需要决定人工智能和非人工智能的应用程序将驻留在哪里。是放在本地服务器，还是放在云服务上，又或是两者混合呢？这个基本的决策将决定需要建设什么样的基础设施。

此外，基础设施包括通信、网络、计算机室、光盘、虚拟机和支持应用程序所需的任何其他东西。你可以将基础设施视为应用程序驻留的工作台。

基础设施建设面临的挑战

艾美： 基础设施建设面临的一个最大挑战是，大多数公司都没有足够的资金从零开始。换句话说，他们必须在拓展现有体系和建立新体系的同时，处理对企业运营至关重要的旧体系。这就使得基础设施的拓展流程和优化过程变得十分复杂。

显然，企业必须在扩大和增加现有基础设施、建设新设施或更大限度地利用异地（云）基础设施的同时继续保持运营。有时候，这相对简单一些，因为插入一个新磁盘就可以了。但在其他情况下，这可能意味着需要建立一个全新的机房，并在任务完成后切换过来。你也可以采用混合方式，即在新设备运行后仍继续运行旧设备。后一种情况往往发生在遗留的应用程序无法转移到新设备上时。

克里斯： 有一家杂货零售公司，苦心孤诣地建立了商品销售、物流、客户关系管理（CRM）、会计和其他系统，以及配套的硬件和应用程序。

艾美： 与许多零售商一样，其商品销售系统具有高度的定制化特性，且采用过时的数据库应用，以及不再有技术支撑的硬件产品。该应用程序是多年前设计的，不仅做这项工作的公司已不复存在，而且高级设计师——唯一一个完全了解一切的人也已去世。

一家杂货连锁店依靠的定制化应用程序已成功运行了十多年。这些应用程序使用了优利达公司（Unidata）的老旧数据库平台，并在 VAX 硬件上的 OpenVMS 操作系统上运行。不幸的是，该连锁杂货店的应用程序已经过时，因此不得不用更新的技术来代替它。

他们决定将现有的商品销售数据迁移到一个基于 Oracle（甲骨文）的系统上，该系统运行在更新、更先进的硬件上，且拥有一套全新的应用程序。其他系统，如工资单，被迁移到 SaaS 平台，会计系统被转换到 SAP 软件公司，该软件公司开发了企业软件来管理业务运营流程和客户关系，并在微软的结构化查询语言（SQL）上运行。

在每种情况下，都必须购买和部署硬件产品，安装网络，建立操作系统和数据库，并将现有数据转换为全新的应用程序。旧的、遗留的系统必须保留下来，直到有新的系统能够代替它。

这整个过程历时数年，需要大量的时间来规划和协调。

遗留系统

克里斯：　创业公司的一个优势是他们不需要担心遗留系统。这些公司的优势就是他们是从零开始的。

艾美：　　对于我们刚才谈到的零售商来说，他们需要做的是决策。他们能继续使用旧的应用程序、数据库和硬件吗？如果能继续使用，那他们是否会雇用和培训技术人员来支持该系统？或者，他们会构建一个新的应用程序并搭建新的基础设施，然后在准备好时将数据转移过来吗？每种方法都有其优点和风险，我们必须先完全了解这些，达到操作的无缝化，从而规避业务风险。

　　　　　一旦决定放弃旧的硬件、数据库和应用程序，那么新的问题就来了——应用程序应该是在内部维护还是外包给外部供应商？SaaS 在某些情况下是否适用？应该选择什么硬件、网络和数据库？每种选择的人员配置要求是什么？故障恢复和企业的永续经营又如何呢？

克里斯：　我记得有人曾跟我说过一个故事。某家零售商雇用了一家公司，创建了一个新的应用程序，来取代他们的销售系统。不幸的是，在花费了数百万美元进行开发和购买速度更快的硬件之后，上线后的新应用程序表现却很差。这就很令人费解了，因为新硬件的速度是原来的 100 倍，然而其处理每个订单的时间却由原来的两分钟延长至近一个小时。经过排查后，他们发现了在测试过程中没有发现的 bug[①]。一旦他们解决了这个问题，性能就会提高，但是仍然比旧版的应用程序要差。在花费了超过 100 万美元之后，数据库和应用程序终于达到了合理的性能水平。

艾美：　我们说的是，基础设施的正确设计是为了支撑销售系统，但应用程序和数据库却效率低下，编程也出现了 bug。

克里斯：　是的。这里的问题是基础设施没有设计专用的测试系统来复制生产环境。这意味着应用程序无法在实际场景中进行测试，从而导致应用程序在实际场景中运行时出现性能问题和错误。

---

① 计算机领域专业术语，意思是漏洞。漏洞是在硬件、软件、协议的具体实现或系统安全策略上存在的缺陷。

基础设施架构

艾美： 了解整体的情况很重要。我们为什么不退一步，谈谈基础架构呢？IT 基础设施是什么样子的？

克里斯： 本质上，基础设施有几个层次。第一是网络，第二是硬件，如服务器和磁盘驱动器（或基于云的等价物）。鉴于我们的讨论，此时应该完成操作系统和虚拟化。

企业云的使用越来越普遍。这有很多好处，如更低的成本、高性能、高可用性和故障恢复。然而，使用云服务需要在网络和通信方面有更大的投资，因为工作是在异地完成的。一些企业使用混合模型，将部分应用程序和数据保留在内部，而将其他应用程序和数据运行在云上。

基础设施层

第三种选择是 SaaS 平台，这意味着要将应用程序或服务外包给第三方，这个方案在不需要高度定制的应用程序（如工资单或账单）上效果最好。在某些情况下，SaaS 是在现场运行的，但大部分情况下都是远程完成的。你可以把它看作云上的一个应用程序。

许多公司会将私有化、云服务以及基于 SaaS 的应用程序组合使用。

网络和通信规模会在较大程度上影响你的决定。如果你的网络速率是 T3（44.736 Mbps），你会发现这个速度太慢了，根本无法利用 SaaS 和云的优势。而 OC-48（2.488Gbps）的网速则会让你在选择的时候更加自由。当然，这一切取决于诸多因素——对于较小的公司来说，T3 可能就已经够用了。[1]

一旦确定了数据和应用程序的宿主位置，你就可以定义数据模型，因为在设计数据之前，你需要了解通信、网络和计算资源的速度。对于 SaaS 产品，供应商已经定义了数据模型，但是你可能需要构建导入和导出模型，以便从其他系统和基于 SaaS 的应用程序中获取信息。

有了数据模型后，就可以定义数据库，包括使用哪个数据库应用程序。Oracle 和 SQL 都是极好的选择，各有利弊。你在选择时有可能受到 IT 部门的技能限制。由于应用程序和供应商对 SQL 和 Oracle 数据库的强制约束，企业同时使用它们（以及其他选择）的情况并不常见。

数据库创建后，就可以实现应用程序了。这包括企业的关键程序，如商品销售、会计、物流、工资等，以及为用户和企业定制的或特定的应用程序。

同时，你可以开始定义你的 AI 应用程序，以运行在数据库之上，并使用应用程序维护的信息。

记住，你还必须考虑整个基础设施的人员配置和管理要求。大多数企业使用内部 IT 人员来运行他们的计算机、网络和应用程序，而其他企业则将部分或全部 IT 外包。一种常见的方法是使用所谓的"零工经济"来出租项目——实质上是在需要的时候雇用自由职业者。当然，可以使用以上任一方法或所有方法的组合。

设计基础设施

艾美： 从技术上来讲，基础设施通常是指建筑、网络、服务器和其他硬件。应用程序和数据库在此基础结构之上运行。

克里斯： 我完全同意，为了这次讨论，我们把它简化了。

而且，在设计基础设施时必须考虑其他事项。至关重要的一点便是，确保每一个设计都是可变的，这意味着在业务扩展时可以增加其他资源，而无须重新设计或重新执行架构。

艾美： 是的，高可用性和故障恢复也是值得关注的问题。最佳实践是在硬件或虚拟化层实现这些功能，以使事情变得简单。在计算的早期，故障恢复要么通过备份和还原实现，要么通过编程方式在每个单独的应用程序或数据库中实现。这非常复杂，而且容易出错。随着现代技术的发展，硬件或虚拟机可以独立于任何应用程序来完成故障恢复的工作，这使得故障恢复变得更加容易，也更加稳健。

克里斯： 让我们再详细地回顾一下。

故障恢复

艾美： 企业的永续经营是指企业在紧急情况或故障发生后继续运营的计划，其关注点在于发生故障时保持企业的运营。

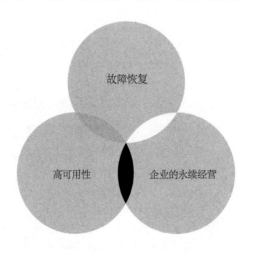

人们将在哪里工作？他们有工作所需的设备吗？他们怎么去工作的地方？重要信息又如何被记录和存储呢？

克里斯： 是的，最后一点十分重要。即使在今天，许多公司仍以纸质的形式来记录大量的信息。其实这些可以做成名片一样简单。如果销售不去见客户，那么他们就不会用到这些名片。

艾美： 会计部门经常有装满发票和其他记录的盒子和档案抽屉。

如果发生火灾或其他灾难，这些记录将被销毁或变得不可用。这是企业永续经营过程中需要关注的一个重点。

克里斯： 我知道。故障恢复是典型的计算资源的 IT 实现。企业则是两者都需要，因为企业的永续经营关注的是更大的蓝图，而不是 IT 的责任。

艾美： 高可用性意味着在计算资源的设计中提供内置冗余，这样子就算出现故障，系统仍能继续工作。镜像磁盘驱动器就是一个很好的例子。

随着企业越来越依赖于异地托管的云和 SaaS 服务，网络和通信变得至关重要。为了防止服务中断，企业通常会配置多条链路。例如，一个机房可以设计有一个以上的 OC3，这些 OC3 甚至可以来自不同的通信载体。（OC3 是一种带宽传输技术，其全称是 Optical Carrier 3，即光载波 3 号，因为它在同步光网络的第三级上承载数据。）

克里斯： 对于这些电脑，重要的是要特别小心，确保电量足够，并用不间断电源和发电机来备份。当然，这个前提在于硬件是本地的业务。

艾美： 这对云和 SaaS 服务来说有着巨大的吸引力——大部分担忧都成了供应商的责任。例如，AWS 是冗余的，它是为了在故障中生存而构建的，甚至是由其他人管理的。确认供应商遵守的是高标准的服务准则是很重要的。

克里斯： 我知道我们说的有些技术性，但这些考虑对企业的生计很重要。即使是在最糟糕的情况下，公司也必须考虑这些。非技术人员需要理解这些问题的重要性。

技术调整

艾美： 技术的一个指导原则是，随着流程的不断递进，技术调整的难度就会成倍地增加。一般在初步设计阶段，错误是最容易纠正的，一旦开始编码后，就会变得比较困难，在数据库搭建后会更困难，全部投入生产后，想要纠正错误就会变得极其困难了。这就体现了敏捷技术和 scrum 技术的优势——该技术往往使团队保持一致，相较于传统的瀑布式开发方法，能更快地发现错误。稍后我们再详细讨论。

克里斯： 如果你一开始只是差 1 度，那么 1 英尺 ① 后你就相差 2 英寸 ②。但如果你去月球，你就会偏离到 4169 英里之外。当误差还在 2 英寸的时候，我们进行改正要容易得多。[2]

艾美： 没错。如果可能的话，请避开基础设施技术的最前沿。除非使用全新的技术或服务会带来意想不到的好处，否则，使用经受住时间考验并经过测试的解决方案，通常会得到一个更好更稳定的基础设施环境。新的操作系统，甚至是新版本，往往会有 bug 和性能问题，这些问题会随着时间的推移而解决。除非你有一个最重要的理由立即升级，否则最安全的做法是等待一小段时间，以便问题都能暴露出来。

克里斯： 这是个很好的建议。

艾美： 我们将在后面更详细地讨论这一点，但在设计基础设施时，一定要注意安全和隐私。如果在最开始设计时就考虑了安全因素，并且让安全因素成为整个流程中每个人

---

① 1 英尺 ≈ 0.3048 米。

② 1 英寸 ≈ 2.54 厘米。

的关注重点，安全性就会起到更好的作用。

克里斯： 既然我们已经讨论了基础设施和数据，我们就有了 AI 的
基础。

第二部分

人工智能的活动

The AI activation

5. 人工智能:

人工智能革命的定义及原因

第四次工业革命

克里斯：很多人都说 AI 对人类的影响就像电的发明对人类的影响一样。

艾美：是的。有些人将其称为第四次工业革命，并声称这将引起人类社会有史以来最戏剧性的变化。麦肯锡指出，AI 的发展速度是工业革命的 10 倍，规模是工业革命的 300 倍。[1]

克里斯：AI 能做些什么呢？自动驾驶技术可能会改变卡车运输行业，实际上几乎可以消除事故，缩短交货时间。智慧城市可以减少能源使用，降低污染，提高居民的生活质量；甚至还会出现智慧工厂，生产完全相同的产品，且没有瑕疵；还有智能采矿，可以消除因塌陷和有毒气体造成的死亡；智慧农场，可以在减少水和肥料使用的同时，将粮食生产率提高数倍。[2,3,4,5,6]

以登革热传染病（dengue fever）为例，登革热病毒是世界上毒性最强的病毒之一。微软正在研发一种机器人捕蚊器，可以区分昆虫的属性。小型激光被用来单独瞄准微小的昆虫。由于登革热传染病是由蚊子传播的，所以机器人可以通过杀死蚊子来对抗病毒。[7]

AI 可以在不使用杀虫剂的情况下对抗登革热传染病，这项技术应用是一场博弈，它展示了技术是如何改变人类社会的。

艾美：　改善人类生活的可能性无穷无尽。马文·明斯基在他的《情感机器》一书中将 AI 称为"手提箱词汇"，因为它包含了"许多可以拆开和分析的更小的概念"。这实质上意味着"人工智能"一词具有如此广泛的含义和应用，以至于没有一种简单的定义方法。[8,9]

今天，AI 被定义为"智能代理的研究和设计"，智能代理是能够感知环境并根据所发生的情况采取行动的系统。AI 的主题与计算机科学、数据挖掘、面部识别、机器人学和其他诸如人类思维的研究相重叠。[10]

这就引出了一个有趣的问题：为了全面理解 AI，我们应该谈谈人类智能（human intelligence）。

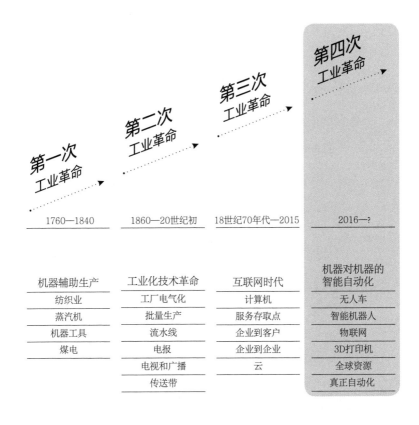

第一次
工业革命

1760—1840

机器辅助生产

纺织业

蒸汽机

机器工具

煤电

第二次
工业革命

1860—20世纪初

工业化技术革命

工厂电气化

批量生产

流水线

电报

电视和广播

传送带

第三次
工业革命

18世纪70年代—2015

互联网时代

计算机

服务存取点

企业到客户

企业到企业

云

第四次
工业革命

2016—?

机器对机器的
智能自动化

无人车

智能机器人

物联网

3D打印机

全球资源

真正自动化

第四次工业革命

人类智能

克里斯： 很多人认为智力是通过一件事或一项测试来衡量的，但
实际上，根据《多元智能新视野》，人类的智力可以分为
九种类型。[11]

这九种类型的智力分别为内省智力、空间智力、自然智
力、音乐智力、逻辑智力、存在智力、人际交往智力、
身体运动智力和语言智力。当然，每个人或多或少都有
这些方面的智力。但有些人在音乐方面很强，而在空间
上很弱；有些人在智力方面很强，但却很内向，因此在
人际方面的能力较差。

比如，计算机先驱高德纳［实际名字为唐纳德·克努特
（Donald Knuth）］，他以数学能力和撰写《计算机编程
艺术》而闻名，但他的音乐才能却不那么出名。巴赫在
音乐方面很强，但在逻辑、数学方面却很弱。达·芬奇
则是科学和艺术的平衡者。人们普遍相信他所说的人们
应该"研究艺术的科学和科学的艺术"。[12]

然而，人在本质上是整体的——他们通常不会只适合于

某一个类别。AI 的复杂性就在于此，因为它试图在一定程度上再造人类的心智。

正如我们稍后将讨论的，无论是站在实用主义的角度，还是站在哲学的角度，人们对使用 AI 时的伦理问题也有不同的意见。就像任何激进的新技术一样，人工智能也会有副作用。其一是对工作的影响，其二是对人类行为和互动方式的影响，其三是安全和保护——防止人们将 AI 用于可疑目的。[13]

人工智能对就业的影响，丹尼尔·拉卡尔说得好。

有证据表明，如果科技真的破坏了人们的就业机会，那么大家今天就都不会有工作了。在过去 30 年里，我们所看到的科技革命是前所未有的，且呈指数型增长，而且，工作岗位越来越多，薪资也越来越高。最好的一个例子就是德国的巴伐利亚州，这是世界上技术和自动化程度较高的地区之一，其失业率为 2.6%，是巴伐利亚州史上最低的失业率。整体上来说，整个世界都是如此。[14]

2015 年，新加坡的研究人员对一款智能手机应用程序进

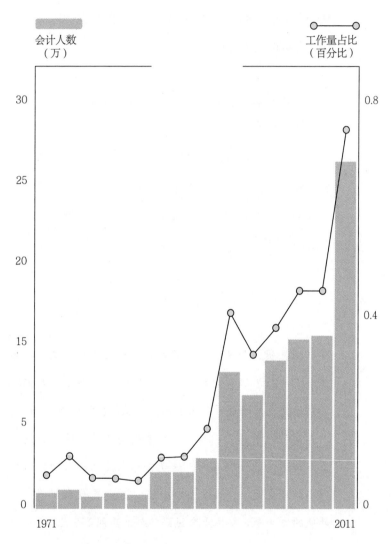

技术是如何促进知识密集型就业的
来源：英格兰威尔士普查　1971—2011

行了试验，该应用程序试图利用 AI 来影响现实生活中的人们的决策。这个想法是，建立个性化模型，了解个人对公共交通延误的容忍度。收集这些信息有利于减少交通拥堵和人群拥挤，从而让人们对出行服务更加满意。[15]

艾美： 这都是关于智能类型，以及 AI 对就业、人类社会影响的重要观点。接下来，让我们来聊聊 AI 是如何发展到今天的。

AI 循环

克里斯： 1956 年夏天，达特茅斯大学的研究人员一起创造了一种像人类一样行动和思考的机器，目标是创造一个人工智能的存在。那个时代最好的技术还是穿孔打卡的主机，这么一想，这个人工智能的愿景还是相当先进的。[16]

接踵而至的是一系列的繁荣和萧条周期，有六七次吧，人们因为一两次突破而非常兴奋，但当结果没有达到预期时，希望就又幻灭了。这些周期被称为"人工智能的寒冬"（AI winters），这一术语取自 20 世纪 50 年代备受关注的"核冬天"——人们认为，核攻击会让生活变

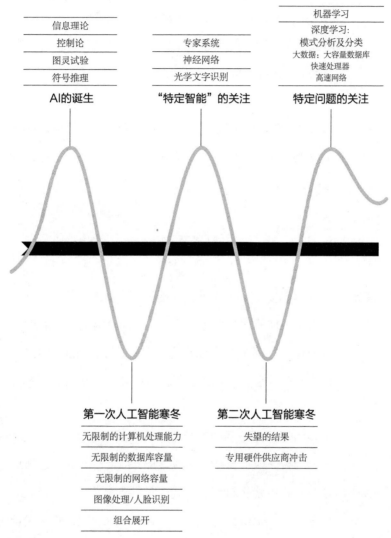

信息理论
控制论
图灵试验
符号推理

AI的诞生

专家系统
神经网络
光学文字识别

"特定智能"的关注

机器学习
深度学习:
模式分析及分类
大数据:大容量数据库
快速处理器
高速网络

特定问题的关注

第一次人工智能寒冬

无限制的计算机处理能力
无限制的数据库容量
无限制的网络容量
图像处理/人脸识别
组合展开

第二次人工智能寒冬

失望的结果
专用硬件供应商冲击

发展时间轴

得更加困难。这就好比，在人工智能蓬勃发展后的几年里，资金枯竭导致其发展变得更加困难。

1966 年，当研究人员意识到语言翻译的困难时，第一个人工智能的寒冬出现了。在冷战最激烈的时候，AI 被用来解释 60 行俄语文本并将其翻译成英语。一开始的结果看起来很不错，但是当他们把文本翻译回俄语时，就意识到实验失败了。这揭露了人类语言的复杂性。最后，由于实验资金不足，人们迎来了第一个人工智能的寒冬。[17]

1970 年，被称为微观世界的第二个人工智能寒冬开始了。人工智能的繁荣，始于约束变量数量的想法，因为这样能更好地控制实验。例如，让一个计算机臂拿着 A 块移动到 B 块。这些微交互效果很好，但是研究人员意识到这个想法是不可扩展的。这就导致了第二个人工智能寒冬的诞生。[18]

1980 年，由于专家系统的实验，第三个人工智能寒冬开始了。人们希望移除所有的变量来创建一个可伸缩的东西——从上到下的设计，而不是自下而上，寻找领域内的专家，把他们的知识编排成一个系列或者一套规则。

他们采访了每一位专家，然后对他们的知识进行编程。不幸的是，专家系统的建立既费时又费钱，以至于这一倡议失败了，最终导致专家系统崩溃，第三次人工智能寒冬由此开始。[19]

然而，在 2012 年，一个突破性的进展发生了——人工智能的子集机器学习，更确切地说就是深度学习（deep learning）的发展。神经网络像人脑一样工作，其结果就是计算机也可以开始学习了。如今，包括苹果、国际商业机器公司（IBM）、亚马逊、微软、Facebook 和 Adobe 在内的主流科技公司都在推动人工智能的加速发展。[20]

艾美：　激动人心的 AI 时代，不仅仅是因为出现了像我这样的虚拟助手。

AI 的成功

克里斯：说到人工智能的加速发展，看看过去 15 年里人工智能取得的一些重大成就就知道了。1997 年，IBM 的计算机"深蓝"在一次国际象棋比赛中击败了俄罗斯国际象棋棋手加里·卡斯帕罗夫。在此之前，人们普遍认为机器永远无法击败国际象棋特级大师。2005 年，一辆自动驾驶汽车完成了美国国防部高阶研究计划署（DARPA）的自动驾驶挑战赛，这也是史上第一次。[21,22]

艾美：　2010 年，iPod 之父托尼·法德尔发明了第一个用于智能家居的智能恒温器。众所周知，物联网是由智能恒温器、灯泡、报警器等智能设备组成的。这一切都始于 2010 年托尼的成功。[23]

克里斯：　仅仅一年之后，也就是 2011 年，IBM 公司的超级电脑沃森在美国智力竞赛节目《危险边缘》中击败了冠军选手肯·詹宁斯。詹宁斯引用《辛普森一家》中的虚拟角色霍默·辛普森的话，写道："欢迎我们新的电脑霸主。"同年，iPhone 4S 推出了 Siri，彻底颠覆了移动平台上的语音识别功能。[24]

艾美：　我最喜欢的突破发生在 2012 年，当时吴恩达和杰夫·迪恩创造并展示了一项技术，可以识别视频中的猫等图像。这对图像识别来说是一个巨大的进步。

这是视觉突破的一个例子。音频方面，亚马逊 Echo 助手于 2015 年面向全球发布。这让消费者可以利用 AI 语音控制的优势，在家中舒适地订购产品、开灯、获取食谱，等等。这只是语音交互革命的开始。

2015 年谷歌的 deep mind 团队创建了阿尔法狗（AlphaGo）来玩棋盘游戏围棋，5 比 0 击败樊麾，并在 2017 年继续以 60 比 0 击败世界冠军柯洁。AlphaGo 破解围棋的能力意味着它能够进行复杂的模式识别。[25]

2017 年，冷扑大师（Libratus）在无极限德州扑克游戏中击败了顶尖的人类职业玩家，这表明 AI 可以学习更广泛的上下文理解，包括概率和推理。[26]

人工智能在商业、工业和消费市场上的影响力越来越大。

AI 的类型

克里斯：　确实如此，尤其是考虑到我们尚处于人工智能革命的开始阶段。细分一下，AI 本质上有三种形态：狭义的、通用的和超智能的。[27]

当我们谈论现代 AI 时，我们谈论的是狭义的 AI，即用来执行特定任务的人工智能。谷歌搜索是一个优质的探索型任务案例，已在人类生活中变得无处不在。AI 聊天机器人是可以回答客户问题的"Q&A 算法"（问与答），这些 AI 应用程序可以协助客户服务，并帮助客户代表提出对客户最有价值的建议。

通用的 AI，也称为人工通用智能（AGI），是指在某一时刻，人工智能将拥有与人类相当的智能。我的意思是，它对环境有一个整体的理解，可以根据多感官输入自行做出结论，而不需要特定的编程。AGI 是在 AI 智能与人类智能无法区分的情况下实现的。

超智能的 AI 是好莱坞电影中经常出现的一个概念，这些电影赋予 AI 的智能以指数级增长，超过人类。在电影里，AI 无所不知，而且能够解决远远超出人类能力甚至理解的问题。

在本次对话中，我们讨论的是狭义的 AI 及其实际应用。

艾美：　"狭义的 AI"这个标签并不能真正体现人工智能的能力。

与这一术语的含义相反，它的能力是巨大的。狭义的 AI 包括机器学习、深度学习、自然语言处理、计算机视觉和机器推理。

克里斯：让我们来定义一下这些词语，但要注意的是，这是一些松散的术语，在一定程度上学科和技术是重叠的。

我们所说的机器学习，是指一个人工智能应用程序在编程和不编程的情况下从环境中学习的能力。例如，人们在上下班路上花费的时间稳步增加；2014 年，这导致了 1600 亿美元的生产力损失。AI 正在帮助人类解决这些复杂问题，从而减少人们在路上消耗的时间。现在，路况分析与 AI 相结合，能够分析和学习通勤数据，为管理和改善交通和道路基础设施提供帮助。[28,29,30]

深度学习使用神经网络，用以模拟人脑的生物功能和结构。神经网络的一个杰出应用就是手写文字识别。这其实是一个超级难题，但是神经网络可以学习，然后自动推断规则。[31,32]

人工智能的一个用例是自然语言处理，即使用机器学习和深度学习，以一种有用的方式分析、理解和使用人类语言。本质上，它可以理解和生成口语和书面语，并将两者结合起来。在法律领域，这种技术被用于文档分类。[33]

机器学习和深度学习的另一个应用是与计算机视觉和机器推理组合相关的。例如，人类观察事物并立即进行理解："我们每个人都可以看一本书，理解它的内容，关注它的用途，即使我们对它的制作过程和周围发生的事情的细微理解不尽相同。"机器学习和深度学习现在可以让计算机解决这一挑战——有了计算机视觉和机器推理，一个认知系统就可以具备识别和理解物体的能力。[34]

麻省理工学院（MIT）将狭义的 AI 按功能而不是按技术进行分解。其中一个功能是助手，比如半自动驾驶汽车，需要有一个了解驾驶环境的人类驾驶员。这样的公司有 Mobileye，提供高级驾驶员辅助解决方案，帮助驾驶员避免事故的发生。这家公司创立于以色列，该产品目前安装在许多公共巴士上，帮助巴士司机避免事故的发生。[35]

艾美： 还有不同类型的机器学习，其中包括监督学习（supervised learning）、无监督学习（unsupervised learning）、半监督学习（semi-supervised learning）、主动学习（active learning）和迁移学习（transfer learning）。

克里斯： 再深入一点，深度学习的一些分类包括无监督的预训练网络（unsupervised pre-trained networks）、卷积神经网络（convolutional neural networks）、循环神经网络（recurrent neural networks）和递归神经网络（recursive neural networks）。[36]

艾美： 这些技术可以用来创造强大的东西。然而，机器学习面临的一个挑战是，它仍然无法解释自己是如何预测或提出解决方案的。正因如此，人工智能也被称为黑匣子。

克里斯： 我知道。目前还没有商业上可用的系统能够解释自身的思维过程。

艾美： 然而，机器学习和深度学习真的很擅长感知和预测模式，因此这些技术对于解析书面和口头数据以及图像和视频中的人脸等非常有用。

克里斯： 这些技术在科学上非常迷人，它们正在推动消费者和企业的数字化转型。AI 是在社交、移动、网络、云端，甚至现实世界中以极快的速度发生数字化转型的根本驱动因素之一。

艾美： 这难道不是事实吗？在处理企业对企业（B2B）的问题上，AI 正在发挥巨大的作用，包括工作流（workflow）、工作流程、供应链、生态系统、预测智能、客服机器人、环境、社交媒体、搜索引擎优化（SEO）、登录页和内容管理等方面。

克里斯： 在企业对客户（B2C）的问题上，AI 正在产生同样巨大的影响，这不仅体现在终端产品方面，也体现在产品的创造性方面。AliveCor 是一款可穿戴物联网设备，可按需跟踪心脏的电活动（心电图——ECG 或 EKG），并检测心律是否正常。Happitech 公司提供了另一种医学心电图测量方法，该公司使用智能手机上的传感器来测量你的压力、健康水平等。[37,38]

艾美： 在这些案例中，AI 被用于产品创造过程以及成品中。

人工智能与其他技术的结合

克里斯：人工智能的成功被其他技术放大，并将与之一起发展。

物联网赋予人工智能多种功能。AI 在不同的设备之间架起桥梁，或嵌入每一个单独的"事物"中。智能冰箱可以学习你的饮食习惯，这样它就能在你家食物用完之前下单买菜。VAIDU 可以监测天气情况，如果预测到有雨，它会提醒你带上外套和雨伞。

对于工业物联网来说，整个智能工厂除了少数监管人员和技术人员之外，不需要人工干预就可以造出汽车或其他东西。这将人类从流水线的苦差事中解脱出来，并且使人们不需要再暴露在危险的工业环境中。其他应用还包括智能采矿、智能仓库、完全无人驾驶的智能船，等等。

医疗物联网在医疗领域的应用是巨大的。美国联合市场研究机构（Allied Market Research）预测，到 2021 年，全球物联网医疗市场将达到 1368 亿美元。智能医疗设备可以监测身体各个部位，使医生和患者更好地了解病情，改善健康状况。我们可以利用人工智能，从设备输出数据中发现模型，并给出准确的反馈，从而给医疗决策提供指导。[39, 40]

增强现实（AR）正在改革零售体验。宜家的 AR 应用程序允许人们在一个房间的任何地方查看他们的产品目录，该目录涵盖超过 2000 种产品。你只要在智能手机上打开应用程序，然后用摄像头对准房间里的任何地方，就可以看到家具摆在那里的样子。[41,42]

艾美： 说到医学界，病痛管理方面正在发生不可思议的事情。虚拟现实（VR）正被用作治疗工具，去帮助人们减少手术过程中的疼痛。它是手术前的安抚镇静剂。同时，它也是一种教育设备。1996 年，在华盛顿州西雅图港景烧伤中心（Harborview Burn Center），VR 首次被用于减轻烧伤病人的痛苦。[43,44]

克里斯： 我们可以讨论一下区块链，我相信它在人工智能中有很多应用，但这可能就是另一本书的主题了。从本质上来说，区块链是一个分布式分类账，用于共享加密货币、健康记录、法律合同等信息。它与人工智能相关，是一种以安全的方式存储大量数据的方法，正如我们所讨论的那样，人工智能是以数据为基础的。

艾美：　人工智能为可再生能源提供了很好的解决方案。风能和太阳能等可再生能源的问题之一是天气模型的不可预测性。总部位于科罗拉多州的美国艾克西尔能源公司（Xcel）正在试图通过挖掘美国国家大气研究中心的数据并利用 AI 来解决这一问题，使其具有更高水平的精确度。这只是 AI 对可再生能源影响的其中一个例子。[45]

克里斯：　生物技术的发展令我感到兴奋。现在，AI 不仅能识别出疾病，还可以帮助制药公司识别出对治疗进展有用的分子。AI 正在通过各种各样的方式帮助生物技术领域的研究人员。

艾美：　我更感兴趣的是医学 3D 打印技术。你听说过吗，现在可以根据病人的细胞 3D 打印器官？这就意味着，在几年后，器官移植可以"打印"器官，而不是从人体中摘取器官。3D 打印还可以用于打印飞机发动机和机动车零件，甚至修复损坏的卫星。在消费市场，3D 打印可以打印出破损的零件，而不需其他技术人员。[46,47]

克里斯： 欧洲航天局正在使用 3D 打印来打印小行星的模型，然后用那些模型来管控那些用 AI 来进行探测或躲避碰撞的卫星。[48]

艾美： 但是，在某一时刻，我们将接近当前计算机技术数据处理能力的极限。量子计算是令人心驰神往的处理信息的新方式，用 D-Wave 公司的话说就是——

量子计算机直接进入现实的基本结构——量子力学中奇异且反直觉的世界——来给计算提速。量子计算机不像传统计算机那样将信息存储为 0 或 1，而是使用量子比特——可以是 1 或 0，也可以都是 1 或都是 0。这种量子叠加，连同纠缠和量子隧穿的量子效应，使得量子计算机能够同时考虑和操纵许多比特的组合。[49]

关键是，速度更快的计算机正在不断地发展，并具有更强的能力，这将使 AI 在未来变得更强大、更有用。

克里斯： 真正令人兴奋的是纳米技术，因为它看起来像是一种可能会治疗癌症和其他疾病的方法。纳米技术与分子大小的粒子一起工作，使科学家能够直接瞄准并修复或摧毁入侵的癌变细胞。[50]

人们已经对纳米技术以及可以启用随机系统的 AI 技术进行了研究。随机系统是一个随机概率分布的过程，可以做一些统计分析工作，但无法做出精准的预测。从理论上来讲，这可以更好地理解生物环境变量。[51]

艾美： 你知道，这是一个迷人的概念。一个随机的统计算法可以被用来创造意想不到的相关性，有利于创造性思维的培养。

克里斯： 说到创造力，其实就是在讲人工智能技术如何创新地与其他技术协同合作。人们认为 AI 会像电一样重要，这就是他们所指的——AI 将推动科技进步，改善人类生活和社会运行的方式。

艾美： 了解到 AI 是如何被应用在这些前沿技术上，以及它如何被运用到更进一步的创造力、同理心和情感上，是很有启发性的。[52]

克里斯： 我们刚刚聊了 AI 的技术层面，但更重要的是计算机和人如何协同工作，做出更智慧的决策，提供更好的服务，给出最优的体验。这又回到了 AI 的一个创立原则上，这与智能提升有关。

接下来，我们来谈谈如何用 AI 改进商业策略。AI 战略本质上可以归结为一套工具，这套工具能让企业在其市场中获得战略优势。

6. 超级框架:

超人类战略

艾美： 既然我们已经了解了人工智能的技术层面，那么，让我们来揭开战略模式的面纱，为企业释放出非凡的竞争优势。

克里斯： 我们将其称为超级框架（简称 SUPER），它将提供超人的能力。SUPER 代表的是速度、理解力、性能表现（也称为绩效）、实验和结果。这是一个强大的五维模型，利用人工智能作为创新的催化剂。

超级框架给出了成功实施人工智能所需的五项指导原则。这些原则是人工智能发展蓝图的基础，我们可以在此蓝图上制定战略。SUPER 代表的速度、理解力、性能表现、实验和结果都必须通过 AI 战略来决定，这样项目才会成功。

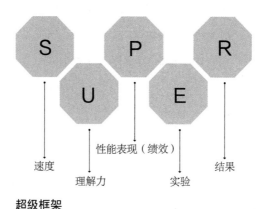

超级框架

超级框架的定义

艾美： 是的，这话没错。一项 AI 战略要想成功，首先必须围绕速度来制订。消费者和企业不会容忍不能快速产生结果的解决方案。想象一下，一款基于 AI 的远程医疗应用，需要几个小时或几天才能给一个人做出疾病评估。一个带着生病孩子的母亲是不会接受这样的评估时间的。

克里斯： 她当然不会。所以说 AI 也必须有"理解力"。AI 解决方案必须对各种问题或情况有更多的理解。假设有一款作为家庭报警系统的人工智能产品，你肯定期望这个系统能够对家庭环境和访客情况都有所学习，然后根据这些信息来做决策。随着一定时间的学习，这样的报警系统会知道，哪些人是永远不被允许进入的，而哪些人又总是被允许进入的。在自主运行的情况下，AI 报警器可以根据它所了解到的信息，预测某个人是否被允许或被拒绝进入，而不管这个人是否有钥匙或密码。

艾美： 任何一款 AI 产品或解决方案都必须完成其设计目标（在既定任务和目标方面）的性能表现。例如一艘智能船，在船上没有任何船员的情况下运行，它不仅必须能够航行，而且必须学会在恶劣天气条件下该做什么，了解如何处理未经授权的一方（如海盗）登船，并知道在检测到可能发生碰撞时该做什么。[1]

克里斯： 接下来就是实验了。这包含两个方面：一是 AI 模型本身拥有的好奇心，二是 AI 激发好奇心和灵感的方式。要解决复杂的问题，往往需要好奇心和灵感，因为这些问题的解决方法并不明显，也不容易理解。灵感可以驱动新的用例和应用程序的开发，而且它对于开发这项技术的过程是必不可少的。麻省理工学院表示："一个配备了某种形式的人工好奇心的计算机算法可以学会解决棘手的问题，即使现在还不清楚什么动作可以帮助它达到这个目标。"[2]

此外，产品，即使是人工智能产品，也不会在真空中运营。竞争的存在推动了技术的改进。而且，随着时间的推移，不断出现的突发状况和意外情况也要求我们通过实验和研发来迭代更先进的版本。

艾美： 最后，AI 战略必须有影响企业盈亏底线的结果。无论人工智能是用于最近才投入商用的产品或服务，还是市场上已经成熟的服务，企业都期望有结果。

克里斯： 现在让我们来更详细地讨论一下超级框架的各个方面，因为它们之间的确有细微的差别。例如，在某些情况下，人工智能项目可能会更强调其中一个或多个方面，而不是其他方面，但每个方面依旧必须是这个项目的一部分。然而，你的战略可能会根据你的需求，更多地关注其中的一个或两个方面。

速度

艾美： 我们先从速度说起。这里所说的速度指的是提高工作和推理的速度，或者说更快地到达一个起点。比如说，如果你想更高效地提升客户办理登机手续的体验，你就得把重点放在优化他们的交通流量上。跨州航空公司（Trans States Airlines，简称 TSA）一直在测试一个新系统，该系统可以加快旅客在机场的安检速度。它利用人工智能技术来评估旅客的面部表情和姿势，筛选出可能对安检构成威胁的旅客。为了保护旅客的隐私，全身扫描影像不会向 TSA 的安检人员显示，只会对可能构成威胁的旅客发出警报。[3]

理解力

克里斯： 人工智能可以快速获取海量数据，并对这些信息进行解读，从而洞察市场营销、客户行为、医疗、汽车、驾驶习惯等。当我们将物联网和类似技术结合起来时，就会发现，我们有无限种可能来理解我们身处的这个世界。Netflix 利用预测分析来了解用户偏好，并做出预测，提供最佳推荐。推荐引擎不仅将观众与其想看的内容连接起来，并且会随着时间的推移，不断优化推荐内容。一方面，它学习用户的品位；另一方面，它能够区分人们嘴上所说的喜欢和实际上真正的喜欢。[4]

性能表现

艾美： 当我们谈论性能表现时，我们指的其实是绩效，它衡量的是流程的有效性。在这方面，我们关注的是工作、服务或产品的表现。AI 战略及其应用必须根据其性能表现以及它们对整体业务战略的支持程度加以衡量和优化。换言之，这些战略必须取得成效，而且必须加以衡量，量化并向各利益攸关方报告。在人工智能计划启动之前，需要定义关键业绩指标（KPI），以衡量业务层面成功与否。

克里斯： 哥本哈根有一家初创公司正在开发一个摄像头系统，该系统利用深度学习技术来检测某个动作发生在足球场上的哪个位置。其想法是自动放大动作并跟踪足球的运动轨迹。这一点非常重要，因为很多比赛由于球队没有足够资金雇用摄制团队而未被记录下来。[5] 最终，这项技术大大减少了球队对摄制团队的需求，因为摄像机现在完全可以独立工作。

这家初创公司利用深度学习框架，并训练神经网络，来持续准确地跟踪足球轨迹和球员动作。这款人工智能产品必须足够快，才能跟踪并记录足球比赛。它还必须学习和理解如何进行动作追踪，尤其是足球在足球场上的运动轨迹，这也就意味着它必须有理解力。这款产品是创新和好奇心的结晶。而且，随着产品不断成熟，它的跟踪性能也会有所提升。

这是 AI 产品支撑企业战略的一个案例。通过对比赛的记录来普及足球，从而让更多的人了解足球。所有这些，都需要通过具体的 KPI 来衡量业务层的成功与否。

艾美： 这个案例对于 AI 的性能表现的确很有说服力。其上升空间是巨大的。因为到 2019 年，北美的体育产业收入预计将达到 735 亿美元，主要来自门票收入、媒体版权、赞助和商品销售。人工智能聊天机器人可以自动回复球迷的咨询，计算机视觉技术可以引导摄像机拍摄更好的照片和视频，AI 记者可以帮助媒体进行体育报道，与 AI 相结合的可穿戴式 IoT 设备将被用来收集数据，用于训练和性能优化。[6]

实验

克里斯： AI 还开创了一个新的实验时代。它允许更快的交互过程，这意味着它支持最小可行性产品（MVP）的反馈回路。它创造了实验，并进行测试，从而实现优化。同时，人工智能还启迪了史无前例的全新的产品服务方法。

结果

艾美： 最后，AI 技术必须产生可支撑企业、消费者和行业的结果。例如，PayPal 就利用深度学习来检测欺骗性商家，并准确定位非法产品的销售。此外，他们的模型还通过了解交易失败的原因来优化运营手段。这些方案通过减

少欺诈行为和增强可靠度，提升了 PayPal 为客户提供
服务的能力。[7]

超人类能力

克里斯：超级框架无疑将提供超人的能力。SUPER 基于这样一个
前提：和机器一起工作的人比单打独斗要更强。无论你
是开发软件、解决问题还是发明新产品，这些原则的设
计和测试，其目的都是提升人类的价值而不是取代人类。

2014 年，在一场国际象棋比赛中，AI 曾"通过将人类
的直觉、创造力和同理心与计算机的记忆能力和计算能
力结合在一起，来计算出惊人的棋步、计步和结果"，以
提升人类的表现。他们把这种新型的棋手，即人类和 AI
的结合体，称为半人马棋手。[8]

这个概念被称为人类与 AI 系统。在这个人类与 AI 技术
相结合的关系中，最好的做法是通过定义人类角色和 AI
角色开始。人类是执行某些类型任务的最佳选择，而 AI
拥有最适合执行其他角色的技能。AI 擅长存储和记忆海
量数据，并根据这些数据集进行非常复杂的计算。而人

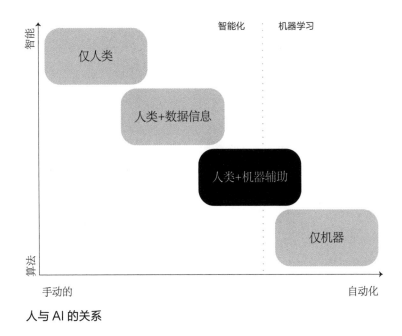

人与 AI 的关系

类，在社交互动和复杂的任务等方面则有着超强的技能。

在试图确定谁应该做什么时，请记住：做自己擅长的事情是最好的。人类做人类擅长的事情，AI 做 AI 擅长的事情。这种结合的结果是解决问题的最佳方法。MIT 教授托马斯·马隆（Thomas Malone）将这一概念称为集体智慧，[9] 即智慧产生于由个体组成的群体——家庭、公司、国家和军队。当你把人类的智慧和计算机的智慧结合在一起时，你就拥有了全新的可能性。[10]

艾美：　再细分一下，AI 可以看成是一个助手、一个同事或一个管理者。

助手、同事或经理

克里斯：Adobe Sensei 是 Adobe 的人工智能机器学习框架，可以明显改善数字体验的设计和交付。实际上，这意味着 Sensei 可以作为内容创建和分发功能的创意助手。

想象一下，你在创建一个应用，在这个创建过程中，你的每一个重大决策都会有一张创意图像绘制出来。在任何时候，你都可以返回并查看，了解不同的决定输出的结果是什么。

半自动驾驶汽车是人工智能作为助手的一个很棒的例子。奥迪堵车系统（Audi Traffic Jam Pilot）和宝马堵车助手（BMW Traffic Jam Assistant）在交通繁忙时负责控制汽车的转向、制动和加速。它们只是辅助，所以它们要求驾驶员时刻保持手握方向盘的姿势，即使是在由它们驾驶汽车的时候。[11]

人工智能的角色

IBM 公司的沃森技术推动了诸如沃森虚拟代理（Watson Virtual Agent）这样的创新，使企业能够向客户提供自动化服务，并对这些服务进行分析，从而洞察客户的参与情况。这种技术有助于了解客户随着时间变化的需求。[12]

艾美：　另一个 AI 助手的例子是荷航客户服务代表工具（KLM Customer Service Rep Tool）。这款由 AI 驱动的深度学习应用程序帮助客服人员处理"通过社交媒体和其他渠道向他们发送的海量信息"。[13] 例如应用程序"致敬天才"（DesignGenius）从历史用户数据、社交媒体和其他各种来源中提取信息，并将结果提供给 Zendesk 或 Salesforce 服务云等应用程序。

为了让 Facebook 更贴近用户，该公司搜集你、你的朋友、你的群组和你关注的每一个主页的帖子——平均在1500—10000 条。由 AI 和人类评论者共同驱动的专有算法分析这些数据，并决定如何在你的新闻提要上显示信息。[14]

克里斯： AI 作为同级运作的一个例子是足球比赛预测。北卡罗来纳州立大学的两名学生威廉·伯顿和迈克尔·迪基建立了一个系统来预测一支 NFL 球队是会传球还是会跑位。在 2014 年牛仔队对美洲虎队的一场比赛中，该模型的正确率为 91.6%。[15]

艾美： 这个 AI 应用耐人寻味，而且，AI 可以作为管理者。2015 年，美国人在通勤的路上被堵的时间超过 80 亿小时。卡内基梅隆大学的机器人学教授斯蒂芬·史密斯在匹兹堡为交通信号灯配备了设备，使其能够在交通模式发生变化时使用 AI 对其做出反应。通过这样的改变，通勤时间被压缩了 25%。[16]

2016 年，航空公司创造了 1682 亿美元的收入，预计 20 年后客流量将翻一番。正因如此，航空公司正在研究如何利用人工智能帮助他们跟上需求，改善服务。目前，

AI 助手正在电话服务上给用户提供帮助，以改善航空公司的后勤，以及利用人脸识别来加快用户验证的流程。[17]

克里斯：　除了人类和 AI 随着时间的推移各自提升之外，这种共生关系的另一个好处是，他们还可以从彼此身上互相学习。

想象一下，医生的 AI 助手可以扫描数千份癌症患者的记录，包括他们的 X 射线、核磁共振、纸质病历本、电子健康记录，甚至他们的运动和饮食习惯。通过分析这些数据，AI 医疗系统可以给医生提供建议，使其可以为病人提供更好的护理。例如，当医生看到一种罕见的疾病时，如果他们以前没有遇到过这种疾病，就可能会忽略这种症状。而 AI 助手可以进行相关性分析，并建议患者进行额外的测试或诊断。

艾美：　这让我想起了恶意程序清理（Malwarebytes）使用的机器学习组件，用来检测新型的恶意软件，这些恶意软件在自然环境下从未出现过。签名不会捕获新的病毒和恶意应用程序，因为它们的模型没有被记录下来。因此，人类必须使用 AI 来分析行为，并指出可能显示感染的正常值偏离情况。然后，由人类来分析这些潜在的问题，以确定它们是不是真正的恶意软件。[18]

克里斯： 这些都是人类和 AI 相互学习并互相提升的绝妙案例。

支持企业发展战略

艾美： 归根结底，人工智能战略是为了服务和支持企业发展战略。参考迈克尔·波特在《竞争优势》一书中所说的，[19] 通用的企业发展战略基本有三种，分别是成本战略（cost strategy）、聚焦战略（focus strategy）和差异化战略（differentiation strategy）。

克里斯： 我们所说的成本是指向消费者降低价格以获得竞争优势的一种整体战略。基本上有两种方法可以实现这一目标：

1. 降低消费者成本；
2. 降低生产成本。

沃尔玛和宜家是这种方式的两个黄金标准。沃尔玛给自己打上了"节约用钱，让生活更好！"的标签，来加强低成本在消费者心目中的地位。他们的企业战略非常成功，以至于他们成为世界上最大的零售商之一。事实上，如果把沃尔玛比作一个国家，它的国内生产总值将排在世界第 28 位，紧随挪威之后，在奥地利之前。[20] 这显示了它以低成本提供价值的力量，以至于它在全球拥有超过 1.1 万家门店。

艾美：　　跟我说说吧。你知道沃尔玛每年销售的香蕉超过 10 亿磅①吗？

克里斯：　不知道，但我并不会感到惊讶。宜家通过将销售经济结合起来，为顾客提供低成本的产品，使他们能够与供应商进行谈判，并将技术集成到他们的业务流程中。他们提供大量的产品选择（9500 个品种），每年更新他们的产品范围，并积极地在国际上扩展。[21]

艾美：　　沃尔玛正在利用人工智能、机器学习、物联网和大数据来改善他们业务的方方面面，从物流和供应链管理到产品生产和客户服务。[22] 宜家正在利用 AI 创建一个 AR 程序，并追求其他改善客户服务的方式。[23]

---

① 1 磅 = 0.454 千克。

克里斯： 太令人吃惊了。企业优势的第二个企业战略是差异化战略。特斯拉和哈雷·戴维森就是最好的例子。

埃隆·马斯克推出了一款可大规模销售的电动汽车，从而颠覆了汽车行业。他看到了需求和机会，不仅设计了一辆汽车，还设计了一个全新的能源系统、制造工厂和物流链。[24] 特斯拉必须为从第一级（最终制造商）到第四级（原材料供应商）的所有四级制造建设基础设施。[25]

哈雷·戴维森是在经济大萧条中幸存下来的两大摩托车制造商之一。他们的品牌建立在行动自由的基础上，他们的口号是"一切为了自由，自由是为了一切"。他们创造了一种基于自由和独立生活方式的产品和文化，这使他们有别于其他摩托车品牌。[26]

艾美： 企业专注于特定的、明确的精密型市场，可以创造具有竞争力的市场优势。这就是"聚焦"战略。以连锁超市 Trader Joe's 和星巴克为例，它们都确定了自己的客户群，并提供了满足客户需求的体验。

Trader Joe's 的产品标签具有私人化属性，这意味着客户在其他地方找不到它。它还专注于创意产品设计，甚至店面装饰。事实上，许多商店雇用一位全职艺术家来创作标牌、艺术品和壁画，这些都是每个商店所在地区特有的。

当你想到星巴克时，你想到的是按照你想要的方式制作的优质咖啡。这是他们品牌的核心，也是说明企业经营产品种类单一时如何在市场中拥有广泛吸引力的一个案例。星巴克在专注于顾客需求方面更上一层楼，能够无限量地定制他们的咖啡。理论上，你可以点半咖啡因／半无咖啡因的混合咖啡，用一茶匙脱脂牛奶和少许巧克力压住泡沫。

这些案例的重点是，AI 是一种工具，它应该与公司的战略方法保持一致，并支持企业的整体发展战略。

我们讨论了企业战略如何分成三个部分，以及 AI 如何被用来解决或提升每一个部分。例如，在聚焦策略方面，AI 可以通过预测性分析帮助识别消费者行为。对于差异化战略而言，它可以识别出可以开发或扩大的市场空白。对于成本策略，它可以用来提高物流和生产效率。

克里斯： 既然我们已经确定了三个总体的企业战略，那么让我们来讨论一下企业如何利用超级框架来释放人工智能的潜力。

7. 速度:

推进工作流程

克里斯： 有时候，很小的改进就可以得到很好的效果。1896 年在
雅典举行的首届现代奥运会上，一位名叫托马斯·伯克
的赛跑运动员在起跑时采取了四点姿势，这在当时是一
件新鲜事。而正是因为这个起跑姿势，伯克稍占优势，
最终以 12 秒的成绩夺得金牌。这表明，根据混沌理论
（chaos theory）的思想，即使是最微小的变化也会对最
终结果产生巨大的影响——就像新墨西哥州一只蝴蝶扇
动翅膀就能在中国引起一场飓风一样。[1,2]

增长限制

艾美： 限制企业增长速度的一个因素是，企业能够以多快的速
度创造产品，并将其销售给其他企业、政府或消费者。
如果一家公司一年只能生产 1 万台产品，那么他们当年
也只能卖出 1 万台。如果他们能造出 100 万台，他们就
能卖出 100 万台。

克里斯： 说得对。1913 年，亨利·福特发明了流水线，将制造一
辆新车所需的时间从 12 小时减少到 2.5 小时，从而使汽
车工业发生了革命性的变化。到 1924 年 6 月，他的一
个工厂已经制造了 1000 万辆 T 型车。[3]

艾美： 日本汽车制造商在美国建立了世界一流的生产设施，并实施了诸如准时制（Just In Time，简称 JIT，又称无库存生产方式）、精益生产等做法。通过改进制造流程，提高供应链效率，这些汽车制造商统治了这个行业数十年。[4]

克里斯： 具有讽刺意味的是，一个组织对速度的追求往往会使一个创新产品瘫痪或速度减慢，因为它会让组织、员工、消费者和个人不堪重负。

然而，有时，一个紧急或危急的情况可以刺激非常快的增长，如"二战"期间美国的飞机生产。1939 年，美国每年生产的飞机不到 6000 架，整个飞机工业的规模与其他工业相比排在第 41 位。到战争结束时，美国生产了 30 万架军用飞机，并在全国各地经营着 81 个生产设施，这使得飞机制造业成为美国最大的行业。[5]

然而，在正常情况下，企业和个人可能无法如此迅速地改变方向或保持极快的速度。这就是"持续改善"（Kaizen）发挥作用的地方。相对于快速突然迷失方向的行动，一步一步改变通常是比较好的。这给了人们一个调整的机会，即接受这些变化是正常的。[6]

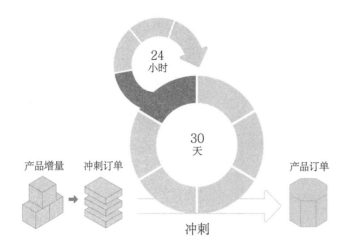

24
小时

30
天

产品增量　冲刺订单

产品订单

冲刺

scrum 流程图

敏捷和 scrum 开发是许多组织采用的开发方法，用于解决方案的迭代升级，这些解决方案是由组织的跨部门团队之间协作的结果。其目的是在最短的时间内交付与公司目标和消费者需求相一致的高质量解决方案。[7] 敏捷描述了一组方法和实践，强调开发人员和业务紧密协作，使用自组织的团队，集中精力交付业务价值。scrum 提供了一个框架，允许人们通过团队协作来解决复杂的问题。[8,9]

组织加速

艾美：　现在，由于技术的进步，组织加速变得更容易实现，正如摩尔定律所表明的，计算机速度和处理能力将会在每两年翻一番。在这个领域，AI 可以通过推动人类、流程和技术来解锁加速度、速度和高速度，从而带来巨大经济效益。[10]

克里斯：在这方面 Adobe Sensei 是一个很好的例子。Adobe Sensei 是一个 AI 技术框架，它支持跨 Adobe 产品的智能特性，从而极大地改善数字化体验的设计和交付，并在同一个框架下使用人工智能和机器学习。[11]

Adobe Sensei 的一个主要关注点是在更短的时间内解决内容速度问题。内容速度是由个性化体验的需求和期望驱动的，因此，营销人员、品牌和代理机构都需要以更快的速度创造更多的内容。Adobe Sensei 可以帮助加快内容的创建、分发、度量和优化。

例如，照片搜索加快了在图像集合中搜索图像的速度，因为 Adobe Sensei 可以自动标记图像，以获得更快和更具体的搜索能力。使用 AI 驱动的图像识别技术，内容创建变得很快，因为烦琐的标记和搜索精确且正确的图像的任务可以自动化解决。

人工智能带来巨大好处的一个领域是自动化文书工作。机器语言和人工智能可以完成支持电话的文书工作，这使得客服人员能够专注于帮助客户。此举改善了客户体验，增强了他们的忠诚度，并给企业赢得了口碑，同时还简化了运营操作。而且，人工智能还可以对电话内容进行分析，改进提示问题的模式，纠正产品服务。[12]

更进一步来说，AI 聊天机器人完全可以帮助用户自助解决常见的客户服务问题。如此一来，你就可以提供 7×24 小时的服务，快速回答用户问题，而不必花费大量时间对工作人员进行常见问题培训了，从而提高用户的参与度。此外，聊天机器人很少会出现错误，并能给客户提供积极的交互体验。[13]

制造业

艾美：　制造业也是一个复杂的过程，多变量使其容易出现性能、效率低下和生产错误等问题。这些问题限制了生产过程中的可伸缩性，以及可交付产品的数量及复杂性。

表单工作流工具 Nintex 正在为制造业开发一个特别令人

兴奋的应用。该公司不是专注于为单个任务创建机器人或 AI 解决方案，而是检查整个制造过程的工作流程，寻找行为模式、问题和"瓶颈"。然后，AI 提出改变和改进的建议，从增加自动升级，到自动化维修流程，再到引入新员工的相关程序。这对制造流程进行了优化，从而使其速度更快。[14]

2016 年，机器人公司发那科（FANUC，也有译成法兰克）与科技公司英伟达合作，利用他们的人工智能芯片建造未来工厂。本质上，他们是在使用人工智能，特别是深度学习，让工业机器人自己训练自己。这减少了培训时间，加快了改变流程的能力，提高了流水线效能。其结果是越早转变方向的工厂，越早地参与了培训。[15]

西门子正在使用 AI 技术，特别是神经网络来优化风力涡轮机，使它们能够从风的模式中学习，并根据风向自主调整涡轮机上的转子。这增加了风力发电场的发电量，因为它的运行效率更高。这是一个利用人工智能快速适应环境条件从而提高输出的实例。[16]

有趣的是，"工厂车间的无灯制造"（lights out

manufacturing operations）和人工智能是不同的。在某些类型的人工智能中，机器学习如何让自己表现得更好，实际上，机器是在自学。在"无灯制造"中，机器运行时不需要人机交互，也不需要使用人工智能。在制造层，一切都是实时发生的，历史报告没有任何价值。[17]

医疗业

克里斯：　在医疗领域，病人往往在去医院的时候才知道自己有严重的问题。到那个时候，病情往往已经变得很严重，造成了不可逆转的损害，像心力衰竭这样的医疗状况很难预测。IBM研究院的计算健康中心的程序员胡建英（Jianying Hu）很好奇能不能通过识别埋藏在电子健康记录（EHR）内的隐藏信号来提前预测病情。在一个为期三年、耗资200万美元的研究项目中，IBM利用AI计算模型挖掘了1万多人的健康记录。[18]

IBM的"沃森基因解决方案"和"沃森肿瘤解决方案"目前可供医生和科学家使用，一个名为"医疗筛"（Medical Sieve）的项目正在使用人工智能来识别乳腺癌和心脏病。人工智能初创公司DeepMind于2010年在伦敦成立，致力于用 AI 技术来帮助社会。DeepMind Health 是这一倡议的一部分，目标是通过支持国家卫生服务（NHS）和其他医疗保健系统来帮助患者、护士和医生。所有这些和其他的举措的目的，都是为了加快"从客户进医院到高级诊断"的过程。[19]

艾美： 这些都是 AI 被用于提高医疗诊断和病人护理速度的很好的例子。未来还有很多工作要做，因为医疗领域的 AI 技术相对较新，但它的前景也是很深远的。

零售业

克里斯： 另一个显示速度比较重要的方面是让排队结账的队伍变得越来越短。这看起来稀松平常，但没有什么比在剧院、杂货店和主题公园排长队更糟糕的事情了。这个问题解决后，会提升客户满意度，给了他们做回头客的理由，并有助于防止负面的社交媒体评论。

一般而言，经常有客户排队的商店必须确保他们的点单系统能够快速处理购买事宜。后端系统必须可靠，性能良好，员工需要接受培训，重点是让客户快速买到东西。

排队终端机是一种移动设备，可以用来从商店的任何地方为顾客结账，也可以加快速度。[20]

AI 人体扫描仪等新技术，将通过自动识别个人身上的可疑物品来提高机场排队的速度。[21] 这将加快机场安检的速度。

新西兰的 IMAGR 公司和硅谷的 Mashgin 公司正致力于创建一个能动系统，该系统可以在顾客购物时将购物车里的东西累加起来并计算价格。有了这项技术，再加上移动支付，就可以完全不用排队结账了。[22]

艾美：　这让我们了解到，要想提升购物体验并加快购物速度的话，AI 可以做些什么。顾客希望他们的购物体验是高度定制的，以反映他们的个性化选择，而且他们希望快速完成。例如，顾客走进一家服装店时，他希望一到店就能看到各种符合自己品位的衣服和配饰。

个人购物助手的开发将使个性化购买体验成为现实。零售管理公司 BRP 在 2017 年做了一项调查，发现 45% 的零售商打算利用人工智能来改善顾客体验。[23,24]

这对顾客的好处是，当他们购物时，他们将得到他们所需要和想要的东西，无论他们是否意识到；对于零售商来说，因为呈现给顾客的是他们有可能购买的物品，这将增加收入。[25]

克里斯： 很明显，人工智能可以加速企业的很多发展，从生产过程到内容创造，再到快速满足消费者的需求。

艾美： 是的——就强调速度而言，人工智能可以平衡组织短期和长期的目标。

8. 理解力：

揭示并掌握深刻见解

克里斯： 我们刚刚谈到了 AI 是如何提高速度的。而如何提升 AI 对客户、员工及市场的理解，也同等重要。

艾美： 表面上来看，理解似乎是一件很容易的事，但当你思考如何理解时，你就会意识到这个问题的复杂性。我们前面讲到的机器学习，就是机器在不接受特定编程的情况下学习新事物的能力。想想看——计算机在没有人类干预的情况下学习、提升、得出结论和预测结果。通过使用从环境中获得的数据，机器可以改变自身的结论以及运行方式。

利用机器学习，AI 系统已经可以进行物体识别、语音识别、机器翻译、玩游戏，并解决基于图像和视频识别的推断等问题。然而，其中每一个功能都需要为手头的特定任务量身定制的系统——通用 AI 还不存在。这是因为智能的主体是复杂的。正如 AxiomZen 公司发布的一篇文章所言："你不能只是把原始数据注入人工智能，然后期待有意义的东西出来——这种人工智能根本还不存在。"[1]

克里斯： 真有趣。为了演示理解的复杂性，我们来看看同一个房间里两个人类之间的对话是怎样的。

人与人之间的交互

艾美： 我被人与人之间的交互迷住了。多和我讲讲吧。

克里斯： 当两个人在交流时，他们会考虑交流过程中的所有维度，如视觉、语调、句子结构、语音变化、肢体语言、眼睛的位置、历史背景、两个说话人的亲和力、发音、说话人的情绪状态、交流的目的、教育、人际动态和无限多的其他变量等。沟通和理解并不一定简单。

艾美： 这就解释了为什么电子邮件或短信经常被误解。讽刺和幽默往往表现于肢体语言和语调，而电子邮件是无法传达的，这可能导致对交流目的的误解。

克里斯： 当你在互动中加入不同文化和成长环境的因素时，你就为人际间的隔阂创造了条件。

AI 扩展理解力

艾美： AI 可以扩展理解能力，即使在很远的距离或时间内也能实现真正的连接。现在，建立深厚、持久的联系成为可能。

克里斯： 更深的理解会有更深的联系。

艾美： 这对企业来说很重要，因为他们可以识别出对他们的产品和服务感兴趣的个人和团体，而避开那些不感兴趣的人。

克里斯： 只有当消费者能够理解信息，想要产品或服务，并且地点合适时，企业才能展示广告。极致体验在适当的地点、情境和个性化下才会被放大。

英国市场研究公司 Juniper Research 的数据显示，到 2021 年，全球用于实时竞价网络的广告支出将达到 420 亿美元。Boxever 在 2016 年 11 月进行的一项研究发现，近 80% 的美国资深营销人都认为，消费者已经为 AI 做好了准备，其中大多数营销人员都对聊天机器人感到兴奋。[2,3]

机器学习正被用来提高广告效果，因为是使用 AI 来识别客户并提供相关广告。这些算法不仅显示先前观看过的产品的广告，也会推断出要推荐的其他产品、广告投放的时间以及广告投放的位置。[4]

所有这些趋势表明，了解消费者的实际需求和欲望，才有利于投放更多相关的广告，从而增加广告利润。

艾美：　对的，但让我们看看另一面——我们应该注意算法悖论。当你只把产品和服务介绍给那些对他们有亲和力的人时，就会出现算法悖论，导致你错失了介绍新产品的机会。

既然我们已经在一定程度上解构了理解力，并且发现它实际上相当难以理解，那么让我们用一些现实世界的例子来深入研究人工智能如何提高理解力的各个方面。

AI 如何提高理解能力

克里斯：　正如我们所讨论的，理解人类和沟通包括了解肢体语言，能够执行面部识别、步态分析、眼球追踪，等等。

艾美：　我很喜欢 Modiface 这家公司，它提供独特的定制体验，利用 AR 技术和 AI 技术来营销美容产品。

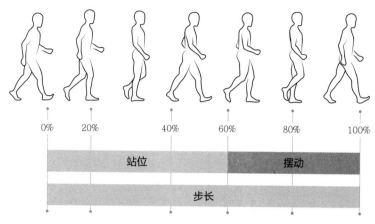

0%	20%		40%	60%	80%	100%

站位 | 摆动
步长

步态分析

克里斯: 是的，Modiface 的技术被嵌入几个本地 OS 操作系统中，你也可以通过应用程序下载。使用 AR 技术，人们可以在智能手机或平板电脑上，通过模拟自己脸部图像看到自己上妆后的样子。

Modiface 的技术基于斯坦福大学的研究，是世界上最精确的面部视频追踪系统。人工智能之所以可以发挥作用，是因为软件高度精确的 3D 面部特征能够跟踪精确的动作和表情。该软件可以理解 68 个参数，包括虹膜的大小和位置、嘴唇、眼睛、头部姿势和其他面部特征。Modiface 技术被嵌入智能镜子中，可以分析人脸和身体。[5]

艾美： 这是人工智能在不久的将来如何应用于智能家居和商店的一个窥见。浴室和更衣室中将会普遍使用智能镜子，让消费者可以进行虚拟试妆，并"试穿"不同的衣服。假设有人在浴室里试着用智能镜子化妆。他们使用选择器来选择不同的颜色、色调和风格。当他们找到一个喜欢的化妆品，就可以把它涂在脸上；如果他们还没有自己的品牌或款式，就可以告诉智能镜子订购，甚至可能让产品在几个小时内送达。[6]

克里斯： 目前，这项技术已经被商用，用来营销化妆品和服装。在未来，这样的应用程序可以用于肢体语言分析，以加强交流。我预测，未来会有一款应用可以帮助人们了解自己，为面试和演讲做准备。显然，这类产品有很多办法进行商业化，个人也可以用这类产品来提升自己。

艾美： 是的，这很有趣。想象一下，一个马上要参加工作面试的人可以在一面智能镜子前排练一下，了解自己的弱点，从而提高自己的水平。当他紧张的时候，镜子会告诉他，并提出纠正意见。

更进一步来说，通过使用人工智能技术来评估多个数据源，如气象服务，一个人的日程表和当地社交活动列表，"智能衣橱"可以根据一个人要去哪里，参加什么活动来推荐适合的衣服。[7]

将智能电视、智能镜子、智能恒温器、智能锁和报警系统、智能安全摄像头和智能厨房电器等多种产品与智能家居中心枢纽结合在一起，就形成了一个集成的智能家居或智能公寓（以及智能办公室等）。这些系统建立了对居民习惯和愿望的综合理解，以提供适合其具体需要的环境。[8]

AI 有利于沟通

克里斯： 人工智能可以让很多其他形式的交流受益。以自然语言处理和生成为例。计算机科学家克里斯蒂安·哈蒙德曾在《麻省理工科技评论》EmTech 会议上告诉听众：

语言本身就是神奇的，是人类独有的。你可以教狗狗做事情，教乌鸦使用工具，教海狸用水坝，但没有其他生物能像我们这样使用语言。虽然机器使用文字，但它们与语言斗争。[9]

哈蒙德是西北大学计算机科学教授，同时也是叙事科学（Narrative Science）的联合创始人，他创造了一款名为鹅毛笔（Quill）的产品。这款产品将数据转换成听起来如同人类的智能叙述。[10]Quill 分析数据，创建叙事，然后围绕这一切编织一个故事。重点是，企业使用 Quill 可以将撰写季度监管报告的流程自动化，促使人们可以花时间阅读，而不是进行创建。该技术还可用于增强客户参与度和提高运营效率。[11]

艾美：　这是人工智能帮助理解的一个很好的例证。Quill 搜索数据，每个数据探索都集中在两个问题上：谈论的是什么，需要了解的是什么。这两个问题是创建一个故事的关键。然后，Quill 生成的结果以人类易于理解的方式进行交流。[12]

克里斯：　这让我想起了一个案例，酒店行业正在使用人工智能来了解他们的客户。有了这些，他们就可以高效地提供非常完美的服务。

　假设梅丽莎想和她的朋友去纽约过她的 30 岁生日。她打开智能手机，在纽约市中心搜索她最喜欢的酒店。

她被这里的高科技便利设施所吸引，比如移动钥匙和移动登记入住。这个应用程序很快告诉她有房间，但梅丽莎却因为接电话，而忘了订房间。几天后，她在Facebook上看到一则付费搜索广告，提醒她预订房间。梅丽莎预订了房间，让她所有的朋友知道旅行已经开始了。

快进到她旅行前一周。梅丽莎收到一封电子邮件，邀请她使用手机应用程序办理入住手续。她充分利用了登记服务。旅行当天，她走进酒店，收到一条推送通知，欢迎她入住，并提醒她可以直接进入房间。这条信息里包含了她的房间号，并告知她可以用手机应用程序打开门锁。她没有在大堂的前台停留，就直接进了自己的房间。

梅丽莎使用手机上的应用程序打开门锁，进入自己的房间，她打开电视，收到一条欢迎她的个性化信息，并邀请她登录酒店网站，获取一系列游玩攻略。她看了一遍名单，买了尼克斯队的门票，与她最亲密的朋友们一起度过了这个周末，为尼克斯的胜利狂欢。

艾美：　这是酒店利用数据来增强对客户信息进行理解的一个很好的例子。这也展示了理解并解决多数企业的三大痛点所面临的挑战。

第一，数据是孤立的，这意味着数据存储在不同系统上的不同数据库中，并且不会总在组织中的部门之间共享；第二，数据缺乏结构；第三，数据不可操作。

在这种情况下，酒店借助 AI 编制了客户的统一视图。这使得酒店能够实时处理高速大容量的数据。数十亿字节的数据被实时处理，用以告知用户当前的体验。[13]

医疗应用

克里斯：　例如，在医疗领域，艾达（Ada）是一家伦敦和柏林的医疗科技初创公司，该公司推出了一款他们称为"个人健康伴侣和远程医疗应用"的产品。患者将自己的症状告诉应用程序，然后应用程序提供可能的病因信息，并进行症状评估。如果情况允许，Ada 会建议用户与真正的医学专业人士进行后续咨询。[14]

人工智能引擎经过几年的训练，使用了实际病例，并结合了一个包含有关病情、症状和诊断信息的医学数据库。[15]

艾美： 另一个例子是三星的 AI 记忆眼镜：Know You Again。这款嵌入了 VR 技术的眼镜，使得痴呆症患者和阿尔茨海默症患者可以通过平视显示器了解到是谁正在接近他们以及这个人的一些具象特征，或许还有他们最近一次的谈话内容。这是 AI 在创造创新及有意义的体验的一个实例。[16]

了解客户

克里斯： 了解客户的需求并不是件新鲜事，只是变得更复杂了一些。回顾历史，哪怕是在古代，市场上的卖家也能知道顾客的行为、喜好及欲望。小贩们根据具体情况进行推销。也许他们会在大热天卖清爽的西瓜，在星期五卖鱼，在特殊活动期间卖新鲜的面包。

现在，对话变得更加先进，因为使用 AI，我们可以自觉学习客户想要的东西、客户的行为和需求，从而创造更好更个性化的体验。

这种理解力在超市中有所体现。由于在设计时，考虑到对人类行为的理解，所以在很多方面，看起来都一样。新鲜的产品，如水果和蔬菜，通常会放在超市中显眼的地方，因为购买新鲜产品会让人感觉良好，同时也不会为以后购买了不太健康的产品而感到内疚。[17]

要全面了解客户，需要跨越时间、地点、交易以及虚拟世界和现实世界的大量信息。举个简单的例子，亚马逊可以根据你的谷歌搜索记录，如这周你去了哪些商店，买了什么，做了什么检查等信息，然后给你一个个性化的结果。这些信息往往由单独的企业存储在不同的数据库中，使得集中访问变得困难。

Adobe 体验云（Adobe Experience Cloud）等服务解决的问题之一是，基于地理围栏、行为和其他标准的数据去孤岛化，从而为针对客户的深度个性化体验提供洞察。

通过了解用户行为并提供有意义的 AI 体验，企业可以保持客户忠诚度，有效阻止竞争。在当今快速发展、不断

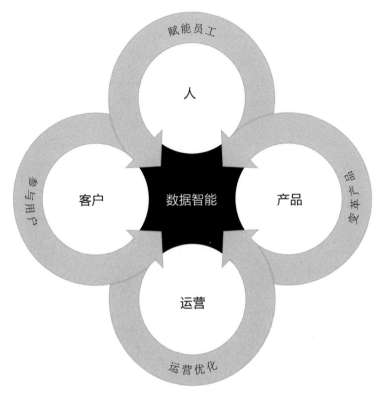

赋能员工

参与用户

人

客户   数据智能   产品

运营

运营优化

数据反馈路径

变化的世界中，一场精心安排的、即时的、令人满意的、有利的且精准交付的体验是成功占领市场的方法。

艾美： 这就把我们带到了下一个讨论主题——性能表现，即绩效，它侧重于衡量和优化。

9. 性能表现：

衡量与优化

克里斯： 性能表现本质上是对某件事情运行情况的评估，目标是改善及优化准确度，并支持决策制定。这与速度、理解力、实验和结果是有区别的。

性能表现分为三个步骤。第一，确定你的 AI 解决方案的目标，并定义你的关键业绩指标。这是在一开始就要完成的，尽管在过程中可以做出调整。第二，根据关键业绩指标来跟踪和衡量绩效。第三，基于关键业绩指标得到的结果，返回到第二步以优化解决方案。

关键业绩指标

关键业绩指标是衡量目标实现有效性的标准。企业和团队根据 KPI 来确定他们是否得到了想要的结果。[1]

艾美： 绩效衡量和优化可定义为有关个人、团体、组织、系统或组成部分绩效的信息收集过程。这包含学习过程、组织内部战略，以及对工程过程、参数及现象的研究，以查看产出是否符合预期。关于绩效的概念、原则、学术定律的说法层出不穷，但很多时候都是盲目宣扬，有时候甚至漏洞百出。

三步骤

最近，"设计思维"（Design Thinking）这种方法正成为各类组织的一种成功方法，它不仅可以探索和解决设计、软件问题，还可以解决复杂的业务绩效问题——对于 AI 解决方案来说，这种高度专注于衡量和优化最佳性能的方法也很重要。

战略与战术

在超级框架内，业绩是衡量和优化 AI 解决方案在战略、战术层面的目标实现程度。几千年前，军事家孙子在《孙子兵法》中写道："谋无术则成事难，术无谋则必败。"也就是说，战略是企业的长期目标，是目标实现的计划。这在今天仍然适用。战术是实现战略所需的步骤，是战略的组成部分。[2]

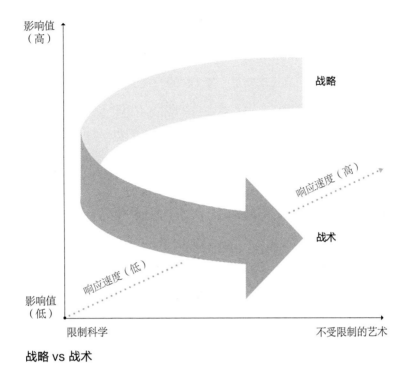

影响值
（高）

战略

响应速度（高）

战术

响应速度（低）

影响值
（低）

限制科学

不受限制的艺术

战略 vs 战术

各个企业都会以这样或那样的方式来使用 AI 技术，因为他们都需要变得更智能以及更有竞争力。然而，如果企业只是将 AI 战略拼凑在一起，则不会走得长远。但如果企业是利用 AI 的优势建立企业战略，则会更成功。

克里斯： 关于这一点，我最近和一个 F1 赛车手朋友谈到，人工智能是如何在比赛中发挥作用的。每辆车都有超过 200 个传感器，在比赛时收集数据点。这些传感器记录发动机的工作情况、轮胎的抓地力、温度，等等。雷诺运动 F1 车队首席信息长皮埃尔·德·伊姆布瓦尔说，人工智能在比赛中非常重要。我们需要它帮助我们在每一圈的时间里做出最好的决定。"利用这些信息来优化跑车，以使它们表现得更好。但这不仅仅意味着改装汽车本身，比如人工智能还可以预测在进站时更换轮胎的最佳时间。"[3,4]

微软的技术是这一举措背后的动力。Azure 机器学习是微软云的 AI 框架，用来预测汽车配置的衡量维度和优化方案。它利用微软云计算和 Azure Stream 分析技术，并与雷诺的超级计算机一起使用 3D 虚拟汽车进行测试。[5]

艾美： 这个例子说明了 AI 是如何从战略和战术层面来衡量绩效，并为企业优化和竞争优势提供洞察的。

如果这还不够令人深思的话，那么使用微软全息眼镜（Microsoft HoloLens）对汽车上的气流等事物进行可视化则令人惊叹。全息透镜最初的设想是办公环境下的产品，用于协同工作、培训和教育领域。它还被用于显示

建筑、汽车原型制作、医疗培训和其他类似的应用。与
AI 结合，提升创造力的可能性则是无限的。[6,7]

克里斯：　发那科的学习软件 Gakushu 被嵌入制造机器人中以加快
操作，意在加速深度学习。这些机器人通过收集和存储
数据来学习制造任务，然后根据实时条件进行调整。学
习过程完成后，这些经过训练的机器人就会进行自主操
作了。绩效衡量后得出的结论是，这将点焊任务（指连
接两个金属物体的过程，是一种需要独特焊机的焊接形
式）的速度提升了 15%。[8]

衡量绩效以获成功

艾美：　衡量绩效指标对于了解项目是否成功至关重要。它可能
是一个两极分化的概念，因为人们常常担心会被判定为
失败。但是，这并不是失败——而是优化的机会。甚至
KPI 本身也可能需要根据真实世界中的衡量和统计结果
进行优化。

克里斯：　相反，如果统计数据和结果没有达成 KPI，那就问问你
自己问题出在哪里，这可能给 AI 带来克服障碍的机会。

艾美： 思考的维度有，时间是否足够？是否存在不可预见的更广泛的市场动态？是否应该重新检查和改进你的KPI？产品表现不佳是不是技术原因，如硬件无法支持或网络太慢？

克里斯： 还有，看看市场营销做得怎么样。市场营销面向的受众是否合适？市场营销资金是否到位？衡量标准是否准确？你能将这些推论过程联系起来吗？

艾美： 关键在于，必须全面审视衡量指标和KPI。你必须了解统计数据的置信水平[①]。必须考虑到环境。数据质量是不是如你所认为的那样干净？

克里斯： 是的，衡量指标是很重要的，但是根据衡量指标得出的结论要警惕"回声室效应"[②]。世界可能是复杂的，一些衡量指标并不总是会考虑到这种复杂性。

艾美： 的确如此。经过分析，你可能会发现你需要更多的衡量指标，或者你所拥有的衡量指标并不精确，又或是目标

---

① confidence level，以样本推断母体实际值大小时，估计正确的概率为置信水平。
② 由心理学家凯斯·桑斯坦（Cass R.Sustein）提出。指在一个相对封闭的环境里，一些相近的意见不断重复，并伴以夸张或其他扭曲形式，令处于相对封闭环境中的大多数人认为这些扭曲的故事就是事实的全部。——编者注

错误。记住，衡量值只是数据点，并不是结论。你根据数据点——衡量指标——形成结论，而如果这些是不正确或不充分的，你的结论就会是错误的。

数据来源

克里斯： 我记得有句老话是这样说的——"没有一个作战计划在遭遇敌人后仍然有效"。计划需具备灵活性，因为现实世界和市场的复杂性总是在不断演变，需要不断地适应。这就是优化步骤如此重要的原因。

了解源数据的质量对 AI 项目的成功至关重要。《麦肯锡季刊》称："一个构建良好的起源信息模型可以对一个'去'或'不去'的信心决策进行压力测试，并帮助管理层决定何时改进关键数据集。"[9]

艾美： 你知道起源信息是什么意思吗？它指的是信息的来源和信息获取的时间。在数据里，即知道数据从哪里来、在什么时候到达，这样你就可以判断数据的可靠性。你必须查看每一条数据并建立其谱系。数据是用户输入的吗？是来自物联网设备吗？这些信息是从社交媒体上收集的，还是交易性的？[10]

克里斯： 你说到重点了，艾美。了解信息来源是至关重要的。你不会想要基于可疑的数据做出决策，因为这可能导致错误评估，然后你会发现自己正在对错误的目标进行优化。

现在，我们来看看绩效在制造业中的重要性。这是其发挥作用的地方。在寻求降低成本和提高效率的过程中，AI 的机遇在于帮助工厂预测需求、产能，预见设备故障，等等。

工业 4.0

艾美： 你是指所谓的工业 4.0 倡议？

克里斯： 没错，它也被称为第四次工业革命。用机器人和 AI 实现工厂自动化解决了你提到的很多问题。惠普企业全球制造业副总裁沃哈德·布理古拉表示：

AI 预测性维修允许制造商将计划外的系统停机时间减少 60% 甚至更多，从而大幅降低生产停滞、零件更换和库存累积的成本。[11]

此外，"传统的工业自动化需要数百小时来重新编程，因此改变任务的执行方式是非常不实际的"。机器学习减少或消除了再编程的工业机器人的延迟性。[12]

例如，通过确定维修、供应链、质量控制和自动化等方面的 KPI，AI 可以在衡量和优化中发挥主要作用。机器人已经在制造业中普遍使用，但它们需要经过人类的训练才能发挥作用。具备深度学习功能的机器人可以学习如何完成一项任务，然后随着时间的推移不断改进。

AI 能够真正帮助制造业的一个地方是，将整个业务流程自动化，而不是将单个任务或组件自动化。为了做到这一点，一个软件机器人被训练如何在一个又一个工作的基础上完成一项工作。这些单独的任务被调整为一个单一的、统一的过程。为了监控并控制整个过程，管理人员——人类——会使用仪表板在一个地方看到所有的活动。[13]

艾美： 要进一步了解人工智能对制造业绩效的影响，不妨看看"协作机器人"（Cobots），即与人类共同工作的机器人。通过使人与机器之间的协作更加一体化，从而充分利用各自的优势，进一步提高生产率。[14]

言归正传，美国 iRobot 公司正在改进他们的 Roomba 机器人真空吸尘器，使其能够绘制房间地图，以便以后能够识别和记住这些房间。然后机器人可以根据房间的不同情况调整自己的清洁习惯。这就要求 Roomba 能够根据网格模式绘制出一个房间，然后分割所有不同的房间和走廊。机器人必须不断地调整它的性能并优化路径，因为房子不断地被其他物品占用从而发生变化。人们可能会四处移动家具，把衣服掉在地板中间，或者有其他移动挑战——比如宠物和小孩。iRobot 的工程师评估了机器人真空吸尘器在该领域的性能，并将优化结果和改进方案纳入下一个版本。[15]

AI 对农业的影响

克里斯： AI 对农业的影响也令人印象深刻。农业需要水、能源、体力劳动、肥料和其他资源。AI 使农业耕种变得智能化。我喜欢把它称为信息化农业。

艾美： 曾经，农民们用大量的水灌溉田里的庄稼，用杀虫剂覆盖农作物，并且不太精确地施用大量的肥料。现在，农民们在土壤中放置传感器，以实时监测水分和养分情况。一旦数据被汇编和分析，就有可能精确地控制水、农药和肥料。通过使用这些数据，人工智能设备可以只将水输送到需要的地方，直接向有问题的植物或地区喷洒农药，并在精确的地点而不是整个田地施肥。这整个过程要求对解决方案性能的持续监测，从而可以实时优化种植业。

克里斯： 有一个很好的方法可以在植物中的疾病暴发并消灭所有农作物之前对其进行鉴别和处理。在坦桑尼亚，某研究小组开发了一个 AI 系统，利用一种被称为迁移学习的技术来识别植物中的疾病。谷歌的开放人工智能产品 TensorFlow 被用来建立一个包含 2756 张木薯叶片植物图像库。一旦他们做到这一点，AI 就能以 98% 的准确率识别植物中的疾病。[16]

艾美： 这让我想起了 AI 改善型黄瓜农场。以前，分拣黄瓜很难，因为每一根黄瓜的颜色、形状、品质、质地和新鲜度都略有不同。

日本工程师小池诚（Makoto Koike）对此进行了探索，他使用 TensorFlow 将家庭农场的黄瓜分为九类。该系统使用了深度学习，包括在三个月的时间里使用 7000

张图像训练系统来识别图像并对其进行分类。在此之前，他的母亲每天要花 8 个小时来分拣黄瓜，后来使用这个衡量和优化模型大大地缩短了时间。[17]

AI 对物流的影响

克里斯： 如果 AI 能够对分拣黄瓜产生如此大的影响，想象一下它对全球物流业可能产生的影响。物流这个传统行业一直被全球供应网络的复杂数据所碾压，而且这个问题正在变得越来越糟糕，因为它需要整合能够实时产生大量数据的物联网的快速实现。

艾美： 在物流中，有许多流动的部件必须一起工作，跨越多国公司、众多供应商和服务提供商，每个部件都使用截然不同的设备，数据库和软件。[18] 此外，不同的人类语言也很复杂，记录往往甚至没有计算机化。

高德纳咨询研究公司（Gartner Research）副总裁，即该报告的首席分析师诺哈·托哈密说，我们预计，人工智能、机器学习、企业社会责任和服务成本分析将会在未来十年内推动供应链战略发生重大转变。[19]

IBM 和天气频道正在合作一个名为深雷（Deep Thunder）的项目，该项目利用机器学习帮助理解恶劣天气及其对工业的影响。Deep Thunder 每天使用 IBM 沃森技术检查超过 100TB 的数据，以产生"更可靠的天气预报"，包括有关风暴，飓风和台风影响的特定地点信息，这些信息对供应链来说至关重要。[20]

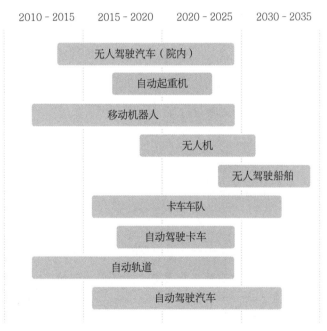

上游管理中的自助物流
来源：@ 理查德·马丁 2010

克里斯：　通过 AI 增强性能的另一个例子是劳斯莱斯推出的 R2
数据实验室，该实验室将他们公司各地的人连接起来，
使他们能够使用数据和 AI，以便提升洞察力，为他们
的客户提供更多价值。他们使用机器学习来分析大量的
数据。[21]

通用电气正在为他们生产的每一个喷气发动机制造"数
字孪生体"（digital twin），使他们能够从地面实时监控
发动机的性能，包括飞机在飞行中的性能。利用这项技
术，通用电气可以预测发动机何时需要维修，并从实际
使用数据中了解每台发动机的使用情况。[22]

位于纽约的通用电气全球研究中心内燃机系统负责人安
东尼·迪恩说：

通过数字孪生体……我发现，飞行员是个会推动引擎的
牛仔。在不同的飞行员身上，我们看到的燃料燃烧情况
会有所不同。数字孪生体记得每一个事件。你可以开始
分离舰队。每一台发动机都有着不同的人生体验。[23]

艾美：　通过不断测量和优化产品、服务和 AI 模型本身，看到

AI 如何在战略和战术上影响绩效，这是令人惊讶的。

克里斯： 没错。这就是人工智能帮助企业、帮助人类，让世界变得更美好的方式。

10. 实验:

可执行的好奇心

克里斯： 实验不是为了实验而实验，相反，它旨在解决可执行的问题。当我们在超级框架中谈论实验和可执行的好奇心时，我们指的是两个方面：一是好奇心可以被构建到 AI 战略中，二是好奇心也可以被构建到 AI 模型本身。

实验的关键开始于某个可解决的企业问题。用好奇心找出可能的解决方案，并通过实验来验证这些解决方案是否有效。我们将此称为有效的好奇心。

艾美： 人类利用好奇心和想象力解决现实世界问题的例子已经很多了。甚至在人工智能和计算机之前，人类就一直有能力以令人印象深刻的，常常是戏剧性的方式解决问题。看看罗马的引水渠和马斯克的太空探索技术公司（SpaceX）的计划，两者相隔两千年，却被一条共同的线索连接在一起，人们利用自身与生俱来的好奇心和想象力来解决看似无法解决的现实世界问题。

罗马的引水渠

克里斯： 没错，古罗马的引水渠是有史以来最伟大、最有用的发明之一。他们有一个真正的问题要解决。罗马当时发展迅速，人口众多。水是限制一个城市发展的因素。没有充足的水，人口就不能增长。此外，在干旱和缺水时期，人们变得焦躁不安，使得这个问题变得更加紧迫。[1]

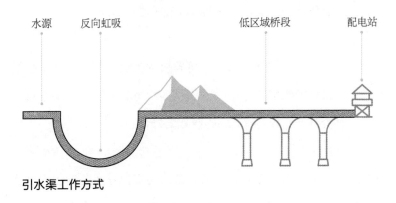

引水渠工作方式

罗马通过修建引水渠来解决这些问题，这些引水渠的设计目的基本都是将山泉中的水输送到一个可以使用的城市运河。修建引水渠并不是一件轻而易举且可以不经思考的事。想想看——其中的挑战和复杂性令人望而生畏，尤其是在没有先进技术的情况下。

但这个问题很关键，随着罗马人口的增长，这个问题变得更加紧迫。当然，人们一直都挖沟渠将水引入村庄、田野甚至城镇和城市。自从有了农业后，人们就开始这样做了，那时需要从河流和小溪中引水到田里来浇灌庄稼。不得已，罗马人对如何解决他们的水源这个问题感到好奇。经过多年的试验，他们终于想出了建造引水渠的主意，通过远距离运输将水引入罗马。

毫不夸张地说，这件事情非常困难，但他们真的别无选择。为了增加人口，抵抗旱灾，罗马城需要一个稳定安全的水源供应渠道。因此他们必须穿越河流、小溪、山脉等天然屏障，从千里之外的山泉中引水进城。每一个引水渠都开始于山泉，通过沟渠或导水管输送水。如果途中有小溪或者河流，就用石头搭一座桥。如果遇见山，就挖一条隧道穿山而过。所有这些过程都是在没有水泵的情况下完成的，而水，由于地心引力的作用，会流入城内。

想一想这个庞大的项目需要政府多少资金。一般而言，富裕的罗马人会自掏腰包为引水渠买单，或者政府征收公民特别税，这种融资必须有组织、有重点。企业有时会捐赠管道等物资，有时可能会直接提供资金支持。

施工期间，需要雇用很多的工人及管理人员，并且供他们吃住穿用。同时，还需要制作工具来挖掘隧道，建造桥梁，铺设管道和水渠。这是一个大工程，即使在今天也是十分困难的。

艾美： 想象一下，一个工程师，在没有手机、电脑、电子邮件或重型设备的情况下开展这项工作。所有这些都是在没有任何现代技术的情况下完成的，例如炸药、重型设备、卡车、计算机或任何此类性质的东西。这是一项惊人的成就。

克里斯： 必须进行实验以确定建造引水渠的最佳方法。除此之外，这项工作还需要后勤支持，这意味着必须建造临时城市，定期运送补给品，等等。

这个问题引起了人们的好奇心，并促使他们开展实验，最终通过修建引水渠解决了这个问题。假设没有这个问题，那么这个解决方案也永远不会被尝试，甚至不会被需要。

艾美： 引水渠之所以得以建成，并不是因为罗马人有能力建造，而是为了解决一个真正的社会问题。

克里斯： 对此，另一种看法是，一旦这个问题被解决，就需要确定下一个问题，以取得新进展。也许"阿波罗月球计划"没有发挥出它的全部潜力，因为它没有问题要解决，或者问题没有得到明确的定义或推广。原来的问题已经解决。我们是第一个到达月球的，但在那完成之后，阿波罗的任务在公众的心目中完成了，后来没有一个明确的任务，这个项目基本上就停止了。

SpaceX

艾美：　这是个令人信服的概念。正如我前面所说的，引水渠是利用好奇心和实验来解决问题的典型案例。从当代来看，SpaceX 计划是为了解决一个不同但仍然非常复杂的问题而开展的。

将材料从地球表面运送到太空中需要巨大的能量，而且费用很高。价值巨额的材料，很大一部分会在每次火箭发射后被丢弃。数亿元的材料都被丢弃，没有追回。阿波罗每次发射的费用为 11.6 亿美元，经通货膨胀调整后，每次发射将 31 万磅的材料送入近地轨道，或将 10.71 万磅的材料送入月球。这相当于九头成年大象的重量。[2]

即使在航天飞机计划中，巨大的助推器也落入海洋被摧毁，不再使用。

这就是需要解决的问题。SpaceX 决心通过制造能够返回地球的助推器来解决这一问题，并允许它们被反复使用。这将把材料送入太空的成本降低几倍，并且可以更经常地进行发射。这是因为，不需要为每次发射制造新的助推器。他们只需要翻新、测试和检查，然后重复使用。当所有的事情都说完并做完之后，猎鹰重型升力系统将能够以每次发射只需花费 9000 万美元即可将 3.5 万磅的物质送到月球，或者将 14.07 万磅的重量送到近地轨道。[3]

与引水渠一样，一旦问题被确定，就必须找到解决办法。这需要从零开始建立一个完整的基础设施，并配备工程师、工人、制造商和一个完整的物流链来供应一切。

克里斯：SpaceX 很好地利用了人工智能，将其可重复使用的助推器带回地球。这个解决方案解决了一个"凸优化问题"（convex optimization problem），这意味着要考虑所有可能的答案，让火箭在不耗尽燃料的情况下着陆。[4]

可执行的好奇心

艾美： 好奇心强的人往往更爱研究，也更乐于接受新体验。他们寻求新奇、刺激和发人深省的事物，并对枯燥的日常活动感到厌烦。他们是创造新想法的高手，对模棱两可的事情更有容忍度。这类人善于处理复杂问题，并利用其好奇心为复杂的问题找到简单的解决方案。[5]

可执行的好奇心是关于意念的，这意味着允许自己保持好奇心，然后利用这种好奇心去拥抱可行性方案。光有智力是不够的，这种智力必须由可执行的好奇心引导到目标上。爱因斯坦说过："我没有特别的天赋。我只是对事物充满好奇。"

目前，强化学习被用来训练大多数人工智能，方法是当他们实现了一些使他们朝着目标前进的事情时给予奖励。这是一种有用的技术，可以教 AI 特定的东西，比如如何在流水线上最优化地建造一辆汽车。但是，对于机器在没有指令的情况下自主操作来说，它们必须要有好奇心。[6]

克里斯： 太好了，艾美，我有一个例子。谷歌的人很好奇他们是否能降低数据中心的能源费用。2014 年，谷歌数据中心用电 4402836 兆瓦，相当于 366903 个美国家庭的用电量。他们很好奇，自己是否可以用 AI 来找到解决方案。

他们决定进行实验并设计神经网络，控制"数据中心中的大约 120 个变量"，包括"风扇和冷却系统等"，以及"窗户和其他东西"。谷歌使用 DeepMind AI 将其耗电量降低了 15%。这是可能的，因为人们有好奇心，愿意实验，然后设计了一个 AI 策略来解决这个问题。[7]

AI 模型

艾美： 让我们再聊一点好奇心是如何被植入 AI 模型的。AI 有几种类型，但在这次讨论中，我想集中讨论其中的几种，因为它们最适合关于好奇心的讨论：强化学习、监督学习、无监督学习、迁移学习，以及半监督学习。

克里斯： 是的，但是，当然还有更多的 AI 类型。

艾美： 这五种 AI 学习模型是那些嵌入了主动好奇心的学习，再加上一些相同主题的变体。

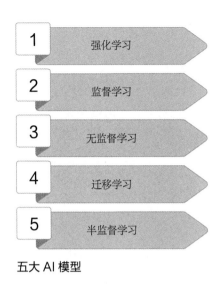

1	强化学习
2	监督学习
3	无监督学习
4	迁移学习
5	半监督学习

五大 AI 模型

克里斯： 第一种是强化学习，在这种学习中，计算机正试图通过被放置到一个环境中来做出特定的决策，在这个环境中，它通过尝试和犯错来训练自己。从经验中学习，机器捕捉可能的最佳方式来做出准确的决策。

百度副总裁兼首席科学家、Coursera 联合董事长兼创始人、斯坦福大学兼职教授吴恩达将此比作对狗狗的训练。当狗狗做了你想让它做的事，你就奖励它；当它做了你不想让它做的事，你就不奖励它。过了一段时间，狗狗就会明白它应该做什么，只有做对了，它才会得到奖励。[8] 强化学习在解决一个特定的且已知的问题时非常有效。

艾美： 第二种类型是监督学习，你可以把它比作老师监督学生学习的过程。老师理解正确答案，AI 系统不断对其训练数据集进行预测，任何错误答案都由老师纠正。当 AI 可以接受执行任务时，学习就完成了。

克里斯： 在无监督学习中，没有正确答案，也没有老师参与其中。AI 可以自己计算出数据中的有趣之处。[9]

艾美： 第四种叫作迁移学习，对我们的讨论十分有用。这是一种机器学习方法，用一个因为某个任务而开发的东西来开始另一个任务。你可能已经使用监督学习来训练你的 AI 在一组 1 万张照片中识别某些种类的物体。如果你有另一个涉及照片的项目，就可以使用 AI 已经完成的学习来开始你的新项目。

第五种类型被称为半监督学习——给定已标记的数据，以帮助人工智能算法，同时以此作为开端。一旦达到一定的熟练程度，它就会被训练到其他未标记的信息上。[10]

克里斯： 吴恩达曾表示："我想说，在所有这些类别中，监督学习是一个创造明显价值的类别。我认为，其他一些类别的算法、思维以及如何将其推向市场仍处于初级阶段。"[11]

艾美：　在这五个模型中的每一个模型中，AI 都利用好奇心，即以找出解决方案的欲望来建立理解。

克里斯：　一个利用想象力和好奇心的应用程序的很好的例子是 Adobe 项目场景缝合方案。该解决方案的作用方式类似于内容感知填充，通过大量其他图像来寻找图像中好看的图形元素。[12]

最终，我们利用 AI 的好奇心和实验性来解决企业问题。实验的"北极星"应该是发明。有了这个目标，就需要有一个勇敢的组成部分。通常，团队将探索未知的领域。

艾美：　没错。如果害怕失败，你就不可能成功。

克里斯：　AI 唯一的限制就是想象力。你不仅要愿意跳出框框思考，而且你还必须摆脱框框。

11. 结果：

企业变革

克里斯： AI 的结果是企业变革。企业要生存，就必须进行数字化和组织化变革。但企业需要着手实现 AI 的成果。美国著名财经杂志《福布斯》报道，80% 的企业都在投资人工智能。[1]

当企业制定 AI 战略时，战略结果将影响产品、投资回报率和业务结果。不能孤立地去思考这件事。AI 解决方案将带来更大的多层次竞争能力，并将改变企业组织。这才是 AI 真正的价值所在。

归根结底，结果才是一切。在开发 AI 战略的同时，结果并不仅仅停留在一个项目、产品或服务上。这些结果必须有助于实现整体数字化、企业变革和盈亏底线的提高。

AI 赋能的产品和服务

艾美： 让我们来看看 AI 赋能产品和服务的结果。克里斯，我们之前已经讨论过 Roomba AI 吸尘解决方案。我认为这是一个很好的例子，来说明我们正在讨论的内容。

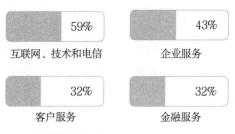

互联网、技术和电信　59%　　企业服务　43%

客户服务　32%　　金融服务　32%

受 AI 影响最大的行业

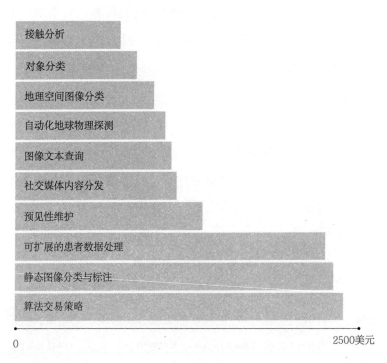

接触分析

对象分类

地理空间图像分类

自动化地球物理探测

图像文本查询

社交媒体内容分发

预见性维护

可扩展的患者数据处理

静态图像分类与标注

算法交易策略

0　　　　　　　　　　　　　　　　　　　　2500美元

人工智能收入
全球市场 10 大案例
来源：Tractica 咨询公司

克里斯： 是的，我们确实聊过。我最不喜欢的杂务之一就是吸尘，Roomba 产品很好地解决了这个问题。几年前我买了一个吸尘器，很高兴它能在没有我干预的情况下能把整个房子吸干净。我们的狗狗也喜欢玩它！

就像魔法一样。小机器人只是在房子里四处走动，除了偶尔清空它的垃圾箱外，我什么也不用做。那是多么美妙啊！

艾美： 是的，这是在展示 AI 创造一个产品线的成果，因为很明显，没有 AI 这个概念是行不通的。这个小机器人必须创建一张你家的地图，以了解哪里需要吸尘器。请记住，随着人们走动、家具位置的改变和宠物到处跑，这张地图是不断变化的。[2]

克里斯： Roomba 是一个很好的例子，说明了 AI 是如何让一家基于机器人吸尘器产品线的新公司取得成功的。每一代新的概念都建立在上一个概念的基础上，增加了新的、更先进的人工智能，使吸尘器对消费者来说变得更加容易操作。

机器人技术

艾美： 顺便说一句，当人们谈到机器人技术时，他们想到的是人格化的类人机器。在现实中，大多数机器人都是按照特定任务的尺寸和形状来设计的。以机器人服务员为例，它通过手机接收食物订单，然后用托盘将食物送到饥饿的顾客面前。这个机器人是一辆有轮子的手推车，与人类形体没有任何相似之处。这就避免了《鬼怪谷》的说法——日本机器人学家森政弘在 1970 年写道，当一个机器人看起来几乎是人时，人们会有一种不舒服的感觉。[3,4]

克里斯： 其实，重点是 AI 创造了新的产品。它不仅提升产品、服务和项目，还将创造新的产品。看看 AI 在医疗领域做了些什么，它正在开发可以延长甚至拯救生命并提高护理质量的新产品，这多有意义。

艾美： 是的。我受到以色列的斑马医学视觉公司的启发。他们创造了一个 AI 放射助理，每次只需 1 美元，就可以得到来自专家的建议。[5] 其结果是以负担得起的费用获得更好的医疗服务。

但是，我们可别忘了，AI 是如何在整个流程、营销和生产等方面帮助产品本身及其周边（围绕产品的东西）的。AI 将变革超级网物流、物流市场，减轻供应链压力，按需交付，共享物流，个性化营销，等等。[6]

AI 对投资回报率的影响

克里斯：　AI 显然对新产品和现有产品产生了巨大影响，但它对投资回报率的影响更大。根据最近的研究，AI 的影响正在多个行业中显现，如金融、交通、医疗、旅游和汽车。早期 AI 使用者的利润正在增长。零售商正在仓库使用 AI 机器人，咨询公司利用 AI 为客户出具报告，医院正在试验用 AI 来提供更好的医疗服务，聊天机器人正在改善所有行业的客户服务。[7]

艾美：　将 AI 战略应用到底层有两种方法，要么是增长战略，要么是成本节约战略。根据天睿咨讯（Teradata）的数据，60% 的决策者认为，AI 可以用来将重复的过程和任务自动化；50% 的决策者认为 AI 提供了新的战略见解；49% 的决策者声称，AI 可以将知识工作领域自动化，从而减少对人力资源的需求。[8]

克里斯：是的，令人吃惊的是，我发现 46% 的被调查者认为这将
　　　　加快他们的创新速度，并有利于他们在竞争前找到新的
　　　　市场机会。

AI 促进增长

艾美：　所有这些都归结于 AI 能够促进增长，节省成本，或者
　　　　两者兼而有之。《福布斯》杂志的一篇文章称，到 2035
　　　　年，AI 可能将生产率提高 40%，并将 16 个行业的经济
　　　　增长提高 1.7%。[9]

　　　　研究公司 Juniper Research 的数据显示，在医疗领域，到
　　　　2022 年，在全球范围内，AI 聊天机器人每年节省的成本
　　　　将超过 36 亿美元。聊天机器人可以让病人在不需要人类的
　　　　情况下更容易、更有效地获得护理，从而节省成本。[10]

克里斯：我们必须记住，新产品也是增长战略，因为它们使企业
　　　　能够进入新市场或提高他们在现有领域的市场占有率。

艾美：　另外，通过提高效率或削减成本，那些实施 AI 解决方案
　　　　的企业直接提高了他们的投资回报率。例如，欧舒丹通

过使用 AI 热图来改善流程，从而将手机端销售提升了 15 个百分点。Earth Fare 公司通过使用 AI 为品类经理创建促销推荐，提升了他们的同比销售额。亚马逊的高级会员可以利用 Alexa Echo 中的 AI 推荐完成购物流程。[11]

克里斯：　埃森哲战略研究公司估计，数字经济占世界经济的 22.5%，利用数字颠覆优势的公司在经济增长、利润和高市值方面都取得了巨大的收益。他们还表示："数字技术释放价值的能力远未得到充分利用。"[12]

艾美：　那些在利用数字化，特别是人工智能的可能性方面做得更多的公司，将比那些在利用数字经济方面做得更慢的公司具有显著的竞争优势。当与物联网、SaaS、云等其他数字化趋势相结合时，大多数企业都会焕然一新。那些不进行变革的企业在不久的将来就将不复存在。

企业变革

克里斯：　我们来谈谈 AI 为企业变革带来的更广泛的影响吧。

艾美：　这是一个发人深省的话题，其含义可不仅仅是数字变革。

克里斯: 你说得对。但在进入这个话题之前，我们不如先定义一下数字变革、企业变革、创新等概念。这些术语经常被误解，并且经常互换使用，但它们实际上有着非常不同的含义。

数字变革是指利用数字技术引起的变革，这种变革是由新型的创新和创造力所促成的，而不仅仅是对传统创新和创造力的加强和支持。

另外，企业变革是一种管理变革策略，目的是使公司的人员、运作流程和技术与公司的战略和愿景保持一致。[13]

创新是指制造新的东西或改变现有的产品、服务或想法。它是引入那些新的想法、设备或方法的行为。被誉为"数字经济的驯龙高手"的首席分析师丹尼尔·纽曼说："创新驱动变革，并使之成为现实。"

企业利用创新来推动数字变革，从而实现企业变革。AI是这三个方面的基础，为了让你的企业生存和繁荣，AI必须是整体战略中不可或缺的组成部分。

数字垂直领域

艾美：   正如我们已经讨论过的，AI 跨越了所有数字垂直领域，如物联网、工业物联网、医疗物联网、云以及其他领域。AI 是它们的基础。

克里斯： 事实上，没有 AI 参与的数字变革或企业变革战略是毫无意义的。

艾美：   毫无疑问，AI 将给产品、投资回报率和企业带来改变游戏规则的结果。AI 投资将是必要的，但最终的游戏是企业生存。现在的问题是从哪里开始，以及应该把精力集中在哪里。

第三部分

人工智能的未来

The AI future

12. 从哪里开始

艾美： 启动 AI 项目时，最难的问题是从哪里开始，因为需要在没有充分界定问题或考察市场的情况下直接跳入技术。

定义问题

在开始之前，应明确需要解决什么问题，以及谁需要这个解决方案。了解具体受众十分重要，因为受众是最终会购买并使用你的产品的人，他们也是需求的定义者。我们应该利用各种各样的工具来了解终端用户的需求，如市场调研及调查等。

产品的定义具有广泛的含义，企业对企业、企业对客户、政府行业、医疗领域、内部之间、工业及其他领域，产品的定义都有所不同。产品是项目的结果，客户是产品的使用者。举个例子，在工业应用中，用户即制造商；在 B2C 模式中，用户即客户。

如果没有明确问题和市场，投资回报率很可能会很低，销售也会很困难。通常，这被看作是为了做技术而做技术，或者说，是为了做这件事而做。

换句话说，一个业务问题、一个未使用的数据集，或对 AI 新技术的调研，都可能确认一个问题、一个解决方案和一个客户。

以超级框架为路线图来获得解决方案，并制定 AI 项目的发展战略。正如我们之前提到的，超级框架是为支持企业和品牌战略而设计的，并与它们结合使用。

克里斯： 运营超级框架需用到人、流程、数据和技术的概念。人关心的是建立一个拥有正确技能和组织的团队；流程处理的是项目的开发过程，不同的方法对应不同的目标；对于数据，要有一个数据战略，而且注重的应该是数据质量，而不是数据数量。最后，技术提供了构建项目所依据的软件和硬件因素。

人们可以创建或定制超级框架，以满足任何项目需求。我想说的是，这是一个蓝图，而不是一个紧箍咒。使用框架来实现进步，而不是限制你的行动自由。

艾美： 在深入研究人、流程、数据和技术之前，我们不应低估共同愿景或集体心态的力量。当任何团队或组织开始一个项目时，其心所向都是同一个方向。虽然意见可能不同，但团队和组织需要有一致的目标且朝着同一个方向前进。

高级管理必须与 AI 战略保持一致，然后必须在不同的原则之间达成一致。

变革管理

克里斯： 如果一个组织在 AI 方面刚刚起步（很多都是这样），变革管理策略就非常适用。变革管理有助于在组织内部建立倡议和共同愿景。

艾美： 很多领导者都明白，变革是由人来实施的，你不能把人排除在这个等式之外。计划和过程是必要的，但是变革常常失败，因为过程中没有适当地考虑到人的方面。

克里斯： 一个 AI 项目要想成功，必须有人来把控。这并不意味着这个项目需要被严格管理，相反，它意味着企业中的一个或多个高级利益相关者必须支持这个项目，支持这个团队和目标。项目在企业中的地位取决于企业的组织方式。

艾美： 对于企业的组织方式并没有硬性的规定。但是，一般来说，首席信息官（CIO）专注于管理企业运营的基础设施，而首席技术官（CTO）则负责外部业务增长的技术。

克里斯： 换句话说，CIO 通常负责内部技术，CTO 负责外部技术，设立技术愿景并制订技术发展路线。

艾美： 较大的公司可能同时拥有一名 CIO 和一名 CTO，甚至更大的公司也可以同时拥有两名以上的 CIO 和 CTO。

克里斯： 偶尔，尤其是在小型企业中，IT 服务在企业中并没有排

到最高的优先级位置。在这些情况下，这个职位类似于
管理信息服务副总裁。

AI 嵌入企业

艾美：　无论企业组织方式如何，AI 团队必须嵌入企业内部，而
　　　　不是孤立存在的。企业将孤岛思维定义为在同一家企业
　　　　但不愿共享信息的部门。[1]

克里斯：如果一个 AI 团队与企业的其余部分隔离，效率就会降
　　　　低，而且他们可能不会考虑终端用户和组织内部利益相
　　　　关者的需求。

艾美：　还需要考虑数据科学家和 AI 工程师如何协同工作这个问
　　　　题。他们是作为一个团队工作，还是分成多个团队？他
　　　　们为同一个组织工作吗？必须从一开始就解决这些问题
　　　　和其他问题。

　　　　你需要先定义数据科学家的角色。他们是企业或某个领
　　　　域的专家、统计专家、编程专家、数据技术专家还是可
　　　　视化和通信专家？[2]

克里斯： 当开始一个 AI 项目时，需要考虑一些问题以决定合适的团队。

艾美： 其中一个重大决策是决定 AI 团队在组织中的位置。这个项目是由 IT 部门、财务部门、市场部门还是其他部门来执行的？

克里斯： 当然，项目中会涉及企业的很多领域。如果你决定 IT 部门是合适的所有者，那么财务和营销部门可能仍然参与其中。AI 团队的位置关系到谁对项目的人员配置、资源分配和过程管理负有最终责任。

决定谁拥有这个项目是很重要的，因为每个部门都有某种类型的侧重点。IT 倾向于专注于技术，营销侧重于营销效能，财务侧重于金钱。无论谁负责这个项目，都倾向于围绕着他们自己的侧重点。

艾美： 所有权因项目类型而有所不同。以向企业提供报告为目的的 AI 项目可能最好由财务部门来管理，因为他们在这一领域有专业知识。一个专注于工业应用的机器人 AI 解决方案的项目可以由物流部门来运作。

克里斯： 项目主要所有者几乎确定了该项目资源管理和方向把控的负责人（或组织）。当然，来自企业各个领域的团队成员可以且应该被纳入 AI 项目中。

艾美： 一般来说，AI 项目应该放在公司的业务端，而不是技术端。业务端往往有更广的视野，其关注的不仅仅是应用程序或硬件。

克里斯： 一个成功的 AI 项目包括各种具有多种技能和不同职责的人。一个人不能做所有的事情；一个团队需要由几个人组成，每个人都要扮演不同的角色。

所需的一些技能包括数据库设计、数据建模、软件工程，以及擅长深度学习或类似技术的 AI 专业人士。此外，大多数 AI 项目需要企业团队中了解正在开发或改进的功能或应用程序的人员参与。

游戏公司 Sky Betting and Gaming 的数据科学洞察主管詹姆斯·沃特豪斯（James Waterhouse）表示：

我不认为会有这样一个完美的数据科学家：他既能理解

业务，又拥有你所需要的能在大平台上实时处理大规模工作的能力。不要试图寻找数据科学家独角兽。我会找三个人，让他们一起工作，让他们的技能互相影响。[3]

商业智能数据分析师在了解了数据结构、目的和布局后，会被分配到一个 AI 项目中。他们可能需要一定程度的再培训，才能将数据用于人工智能，但由于他们已经了解业务的特定信息，所以他们比新员工更有优势。

你会需要熟练 AI 算法和编程能力的专家。会写代码的机器语言专家很难找，如果能找到既会写代码又会机器语言的人，对项目将十分有利。如果需要团队中的多个人合作，那么他们之间需要非常谨慎且密切地协调。

最重要的一件事是，让整个组织了解 AI 能给企业带来的机遇。AI 是一种工具。既然人们会使用这个工具，他们就可以提供有价值的见解，说明如何使用它来提升业务。

在企业中沟通

艾美： 　将 AI 融入企业文化，在整个企业中进行沟通，以提高对 AI 的认识和接受度，并建立对目的、条款和可用选项的理解。企业也可以提供教育机会，让企业员工能够快速了解企业的各个方面。[4]

　　　　　团队可以基于 IT（以 IT 为中心，将数据科学和 IT 技术相整合），也可以基于企业中某个专项小组。[5]

克里斯： 那些特别聪明和有创意的人倾向于参与 AI 项目，因为他们渴望研究令人兴奋的技术。这样的团队成员喜欢设计新东西，创造新事物，集思广益，并尝试一些以前从未尝试过的新概念。

　　　　　正因如此，团队成员的选择和合适的项目管理方法对于 AI 开发团队的成功至关重要。这种类型的人通常需要创新的自由，他们不喜欢项目管理规则太过严苛，也不愿意在这样的环境中工作。

艾美： 　这就是为什么最重要的决策之一是确定要使用哪种项目

管理方法。当然，组织可能已经成功地使用了其中一种方法，并且可以适用于 AI 项目。

比如瀑布式开发（waterfall）、敏捷开发（agile）、迭代式增量软件开发（scrum）、看板（kanban）等。我们来看看这四种方法。

瀑布式开发是一种连续的线性风格，可能是最有名的，因为它已经使用了很长时间。这种方式通常用甘特图来规划，以条形图格式显示项目里程碑和其他信息。这是一种高度结构化的管理风格，非常僵化。甘特图上显示的每个任务必须从头到尾完成，团队才能继续进行下一个任务。一些任务可以并行运行，依赖关系被内置到图表中。

这种方法的优点是易于使用和管理，纪律被严格执行，需要文档并内置进度报告。然而，由于瀑布式开发比较僵化，并不能很好地应对变化。此外，可交付成果直到项目后期才交付，这意味着反馈是在流程后期提供的。[6]

克里斯： 另外，敏捷开发是增量和迭代的，并且对随时间变化的需求开放，在整个过程中鼓励用户反馈。敏捷开发是一种较新的方法，但由于其灵活性和适应性而迅速被采用。

跨功能团队一起工作，进行迭代。敏捷开发专注于创建工作项目作为进度的度量。最优先级是尽早且持续地交付最小可行性产品。

敏捷开发拥抱变化，因为它内置在项目方法中。目标是随着项目的进行而制定的，并且可以随着需求的变化而改变。通过将项目分解为迭代开发，团队专注于开发、测试和协作。每一步都鼓励反馈，结果随着项目的进行而逐步显现。使用敏捷开发的产品，由于用户和团队成员的反馈得到鼓励，往往能产生持续性的改进。

然而，任务经常被重新划分优先级，并且日程表经常被快速地改变，这使得计划的有机过程变得具有挑战性。敏捷开发团队成员必须拥有广泛的知识和技能。[7]

艾美： Scrum 是敏捷的一个子集，是一个迭代开发模型。它使用被称为 sprints（指 Scrum 团队完成一定数量工作所需的短暂、固定的周期）的固定长度的迭代，每个迭代都有一到两周的时间。这允许 scrum 团队以常规的节奏交付软件。

Scrum 项目倾向于透明和可见，整个团队都知道正在进行的一切。因为没有项目经理，所以团队为一切负责。每个团队作为一个小组决定在每个 sprint 中要做什么，然后团队成员们一起工作来完成它。变更在 scrum 项目中很容易适应。团队中有很大程度的信任，一个 scrum 大师可以充当项目的向导。[8]

克里斯：看板是一个用于实现敏捷的可视化框架。框架显示了需要生产什么，何时需要做以及需要做到什么程度。这个概念是围绕着对现有系统进行小的增量迭代而建立的。

看板使用一块板作为工具。以前呢，我们用一块物理板、便利贴、几张纸、几个磁铁就能列出"待办事项"。现在，我们可以用已经开发的软件来做这个事情。

物理板可以被划分为三块，以最简单的形式表示"待办""进度"和"已完成"等三种状态。根据项目需要，可能也会添加其他列。

每个便笺（或使用的任何东西）都代表工作，并放在板上显示的"状态栏"上。看板非常灵活，易于理解，可以优化工作流程。另外，物理板必须即时更新，否则就不能发挥作用。[9]

最终，想法必须转化为行动，这需要一个对个人、团队和组织都有效的过程。你选择哪一个过程其实并不重要，只要它能产生结果。

艾美： 我们讨论了开始的必要性及原因，这是需要解决的问题。然后是关于如何解决，也就是说，如何在生产过程中从技巧和技术的角度来进行实现。

非结构化数据和孤岛信息

克里斯： 前段时间我们详细讨论了数据。如你所知，数据对于 AI 来说是必不可少的，而且大多数 AI 都需要快速交付大量信息。

艾美： 在定义一个 AI 项目时，数据往往是非结构化的，独立存在于组织的不同领域。有必要对数据进行分类，并为其提供某种结构以使其发挥作用。

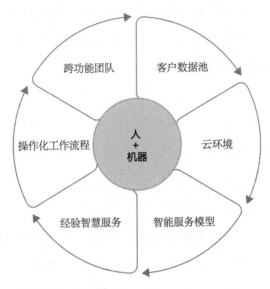

人 + 机器：数据流

克里斯： 开始前，应该先提些问题来帮助你阐明数据策略，如我
们需要哪些数据？数据是如何被访问的？数据恢复后如
何处理？数据需要保存多长时间？

艾美： 我认为用一个例子来说明这些问题是最好的。假设某城
市的市长建了一个特别工作组来查找行人交通事故多的
原因。在这种情况下，AI 可以帮助发现引发事故的原

因，而且不同的 AI 能帮助解决不同的问题。每个街角都安装了交通摄像头，而且这些记录已经保存了好几年。

第一个项目是分析那些交通摄像录像，看看是否可以确定导致行人意外的模式。这是大量的完全非结构化的数据，视频数据可能超过 100 万小时。

克里斯： 现在亟须解决的问题是，这些数据对于寻找解决方案都是必须的吗？对于那些没有发生交通事故的十字路口的监控录像，我们可以筛掉它，以减少数据集。我们也可以用其他标准来筛掉更多的数据。

艾美： 显然，数据不需要保存很久。交通摄像头的视频将使用 AI 技术来判定，然后他们就不再需要这些数据了。

克里斯： 访问数据可能只是视频收集并将它存储在容量超大的磁盘或上传至云端过程中的一个问题。这可能会面临一些法律问题，如隐私问题。如果这些视频属于多方，如市政府、警察局，或许还有私人公司，那么就需要与每一方联系并做出安排。

不同部门、公司或政府机构的数据会被存储在孤岛中——不同的组织中的数据库是独立的，每一个数据库以不同的格式存储，甚至使用的是不同的数据库应用程序。例如，一家公司可能使用 Oracle，另一家可能使用 Microsoft SQL，第三家可能使用专有数据库。

艾美： 一旦项目的数据得到保护，就可以构建一个 AI 引擎来检查数据，找到那些涉及事故的案例和那些没有涉及事故的案例。一旦这样做了，AI 组件就可以查看缩减后的数据集，并确定是否有行人的某些行为导致了更高的事故概率。

克里斯： 根据这些可以提出适当的解决方案。我们可以利用 AI 技术来更好地同步交通信号灯，也可以在特别危险的十字路口上修建人行天桥，另外一种 AI 解决方案是可以在智能手机上向行人发出警告，提醒他们当前存在的危险状况。

艾美： 另一个例子涉及黄瓜的分拣，正如我们前面所讨论的那样。你还记得那套 AI 解决方案吗？人工分拣黄瓜的工作变成自动化，从而将黄瓜分成不同的类别。

克里斯： 啊，是的，黄瓜计划。在这种情况下，数据集相对较小，由几千张黄瓜的图像组成。数据存储和访问的问题明显少于数百万小时的交通摄像头视频片段。

问题是，需要多少数据呢？多少数据才够呢？什么情况下数据会太多呢？AI 解决方案不需要存储、去孤岛化分析以及不必要的结构化数据。

数量和速度

艾美： 没错。在许多情况下，特别是在实时 AI 解决方案中，还必须考虑接收到的数据的数量和速度。帮助飞机在一个较大的国际机场降落的实时 AI 应用程序需要快速处理大量的数据。它可以查看来自单个飞机、控制塔、几十个雷达站、气象卫星等的信息。这对于获取实时数据，使数据去孤岛化和结构化后进行快速分析，帮助飞机着陆来说是一项重大的努力。

克里斯： 谈到实时 AI 应用程序访问大量数据这个话题，我们不如来看看程序化购买（programmatic media buying）在广告投放方面所做的事情，特别是在实时竞价方面。程序化广告是一种根据存储空间自动锁定客户的方法，而实时竞价则允许在网页加载时间内拍卖广告。[10]这些方法使用 AI 在微秒内做出正确的购买。

艾美：　这将使广告更有针对性，更贴切客户，这对广告商和购买者都很有用，因为不相关的广告不会被显示出来。

克里斯：我们聊了聊数据以及数据洞察的重要性。现在让我们谈谈 AI 的技术方面，以及一个组织需要从哪里开始。

应用程序编程接口

艾美：　无论公司是否新成立，都有三种基本的做法。这些名称多种多样，但我们称之为企业级（enterprise level）、自定义等级（customizable level）和应用程序编程接口（API）或软件开发工具包（SDK）。

克里斯：艾美，正如你所说的，API 是让程序交互的接口，SDK 用于开发针对特定平台的应用程序。

艾美：　谢谢，克里斯。创建企业 API 是为了执行特定的任务或目的。它们易于使用，通常是预先训练的，而且神经网络是被隐藏的。对于没有强大的机器学习背景的开发者来说，这些都是非常有用的。这一层级的服务包含自然语言处理、数据分析、笔迹分析、知识分析等。

自定义方法提供了允许在标准的企业级服务之外进行定制 API 服务。这些都需要训练，需要更多的机器学习和 AI 的知识。

API/SDK 提供了可用于构建定制化或企业级 API 的功能。这些对于不可用的特定应用程序非常有用。

API/SDK 和自定义的一个例子是微软认知服务（Microsoft Cognitive Services），也被称为 Azure 认知服务（Azure Cognitive Services），它包括许多特定的 AI 功能，可以在应用程序中使用。已提供的 API 包括计算机视觉、情感、内容主持人工具、视频、面部识别等，其目的是抛开建立和训练客户 AI 模型的必要性。如果需要更深入的自定义，也可以使用 Microsoft 认知工具包（Microsoft Cognitive Toolkit）。[11]

另一个产品是 Adobe Sensei，它也提供各种选择，其功能包括自动标记、看图说话、文本检测、图像质量、语义结构分析、异常检测和智能受众分割。[12]

克里斯： 从一个问题开始，朝着解决的方向努力。AI 是通往解决方案的工具。有很多事情需要考虑，包括项目参与人员及他们的技能、专业和经验。选择一种流程，如能推进项目进展的 scrum。数据可能是非结构化的且孤立的，在这种情况下，需要先清理数据，以使其可用于 AI 项目。最后，需要考虑将用于 AI 的技术，这可能取决于团队人员的专业技能。

艾美： 但是现在，先让我们来看看 AI 的安全、隐私和伦理的主要关注点。

13. 安全、隐私和伦理

克里斯: 随着企业在战略上对 AI 的依赖性越来越强,所以一开始就把安全放在最前面。从庞大的数据库到快速的网络再到计算机系统,所有的东西都必须在设计和构建时考虑到强大的安全策略。

AI 正成为企业、政府和个人成功的关键任务。目前正在设计和推出的许多举措涉及协助决策过程,通过分析大量的数据,以产生可推动公司或政府进步的报告甚至建议。

保护企业

艾美: 破坏企业和政府决策对攻击者来说优先级比较高,不管他们参与的是工业间谍活动,还是对单一民族的独立国家的攻击。攻击者通过修改或控制输入 AI 系统的数据,并基于这些被控制和被修改的数据来进行决策,如此一来,他们不仅可以访问决策过程,还可以访问用于决策的机密数据或模型。

在过去,应用程序运行在企业操作系统之上,如 OpenVMS、Linux、Unix 或 Windows。这些计算机通常被安置在一个由防火墙和安全程序保护的大房间或设施中。设施的安全由企业负责，是否成功取决于直接负责人或咨询人员的行为。

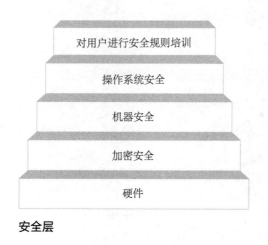

安全层

克里斯：　时代已经发生了变化，企业现在在云上运行 AI，这是一组不受他们控制的资源。云计算中的计算机和其他硬件通常在虚拟机上运行应用程序，比过去复杂得多。

为了使其更加复杂，许多企业采用了混合模型，其中一些资源存储在本地，而其他资源存储在云上，甚至跨多个云提供商。这会引入许多潜在的安全问题，这些问题依赖于不同地区的不同企业所采取的安全策略。任何一个弱点都可能导致部分系统或整个系统被入侵。

艾美： 像亚马逊、IBM 和谷歌这类提供云服务的企业会将设备维护在多个加固后且高度安全的地方，并将最佳安全实践作为准则。在使用云解决方案之前，需要全面调研这些企业在安全方面采取的措施和技术以确保平台的安全性。

基础设施安全

克里斯： 本地托管的基础设施的安全性是企业的责任，也一定是企业成功的重要前提。安全不是一个事后想出来的东西，可以随随便便地附加或处理。训练有素的专业安全人员必须以安全为中心，强制执行安全准则并审核合规性。此外，必须定期进行入侵测试和其他形式的测试。

最好的做法是从一开始就将安全考虑到基础设施中去。重新调整可能是一个比较耗时又容易出错的难事，因为现有的应用程序也可能会考虑到安全性。如果我们在设计、创建和安装好应用程序后再考虑安全问题，那么我们面临的挑战可能更多。

艾美： 强安全性的标准从基础设施开始。电脑室的设备在物理上是否安全？门上是否有锁，是否仅限经授权的人员进入？

克里斯：是的，这很重要，因为攻击者如果能够直接进入计算机系统，他们就会更容易地实施破坏并造成伤害。

艾美：网络还必须是安全的，在无线和有线链接上都必须执行强有力的加密行为。除此之外，我们也需要保护物理光缆和铜线电缆，让入侵者无法轻易地通过直接访问暴露的线路进入网络。

克里斯：人们经常忽略的一点是，那些想要穿透电脑防御系统的人都非常聪明，且善于发现哪怕是最微小的漏洞。

艾美：这就是为什么创建一个多层防御系统是明智的，从逐步加密的硬件开始，到机器本身的安全，再到操作系统的安全，一直到给用户进行培训，让他们了解基本的安全规则。每一层都必须是安全计划的一部分，因为破坏可能发生在任何地方，但在多层计划中，攻击者不太可能能够穿透所有安全层。

最薄弱的环节

克里斯: 安全的一个经常被忽视的组成部分是确保人员在入职仪式和入职过程中得到适当的审查。背景调查是良好安全政策的重要组成部分。

有人说，安全中最薄弱的环节是人为因素，不管是有意的还是无意的。例如，人们会点击电子邮件中看似无害的链接，从而导致病毒被下载，结果造成安全漏洞。培训可以消除大部分问题，但安全计划必须包括这类事故发生的概率。潜在的恶意员工会造成更大的风险，也必须对此提前安排。

艾美: 重要的是，要了解本地计算机和云服务之间的接口是潜在的弱点，因为云服务、应用程序提供商和本地计算机基础设施之间在架构、协议和程序上存在差异。

这是最值得关注的领域之一，因为许多供应商的组件都聚集在一起，每个组件都可能存在自己的安全缺陷。通常，这些链接最好托管在一个被称为 DMZ 的网络中，这样可以有效地将它们与其他网络隔离开来。

克里斯： 云服务供应商、应用程序供应商与咨询公司和企业之间的良好沟通对于确保良好的安全性至关重要。

企业负责数据和服务的安全，无论其托管在何处。虽然云服务商和其他供应商确实也在这方面负有责任，但不管关键设备和应用程序位于何处，对于企业安全的负责人来说，最好的办法是理解、记录、实施和审计安全。

艾美： 安全策略的一个重要部分是必须迅速修补（修复）漏洞。行业研究表明，平均而言，企业仅修复关键漏洞就需要146天。大多数攻击者都依赖于这些做法，而新闻中出现的许多较大的攻击正是这个问题的结果。所有的操作系统都必须打补丁，因为它们都有漏洞。[1]

令人震惊的是，我发现 AI 本身可以帮助解决安全问题，即使是用它的基础设施。

克里斯： 机器学习安全算法的实现对于安全漏洞的监测有了显著改善。新的恶意软件和攻击正在迅速演变，因此有必要采取更灵活的方法。[2]

扫描系统以获取病毒的特征或对已知的漏洞进行入侵测试已经不够了。AI必须基于过去漏洞的历史数据库，以及对恶意软件行为和对系统攻击的理解，从而参与检测入侵和破坏行为。

艾美： 这是人类和AI需要协同工作的领域之一，因为机器学习只能走到这一步。这是因为：

当我们的模型在检测威胁方面变得有效时，危险分子就会寻找方法来混淆模型。这是一个我们称为对抗性机器学习的领域，或者叫对抗性AI。危险分子会研究底层模型如何工作，并致力于要么混淆模型——我们称之为中毒模型或者机器学习中毒，要么专注于广泛的规避技术，其本质是寻找他们可以规避模型的方法。[3]

隐私

克里斯： 一个与隐私密切相关的话题。与计算和AI相关的数据隐私所面临的挑战很难被夸大。这个问题它不仅在技术上具有挑战性，而且通常，那些谈论这个问题的人都倾向于夸夸其谈和高度情绪化的讨论。用法律语言所写的复杂的隐私协议并不能使这个话题更容易理解。

艾美： 随着物联网的指数级增长，企业更多地将海量大数据用于 AI 和其他目的，至少可以这样说，保护数据隐私变得具有挑战性。

克里斯： 就像安全一样，数据库、系统和应用程序在设计时应该考虑到隐私问题。事实上，理想情况下，隐私和安全应该是企业经营方式的一部分。换句话说，企业应围绕隐私和安全来确定企业流程及运营方式。[4]

艾美： 让我们回头看一下，给隐私下个定义。当我们谈到隐私时，通常我们指的是保护互联网上的敏感信息和隐私信息。个人、企业和政府关心的是确保有关他们的信息只能以他们许可的方式共享。

克里斯： 人们关心的是他们发布到社交媒体上的数据的隐私，比如照片、视频和文字。他们想决定谁能看到这些，要么是所有人，要么仅限好友，要么是某个特定分组的人。

然而，隐私并不仅仅是人们发布的关于自己的信息。

艾美：　没错，克里斯。以你车内导航系统中的 GPS 为例。你开车经过的或你可能经过的每一个地方的信息都存储在 GPS 中，甚至可以保存在云上。那么拥有这些数据的是谁呢？是汽车制造商，还是 GPS 供应商，抑或是车主本人呢？

克里斯：　警察需要搜查令才能访问这些数据吗？如果数据存储在云端，而不是在 GPS 本身上，谁能访问它？从智能电视到智能咖啡壶，再到智能手机和智能家庭摄像机，每个智能设备都会考虑到这些问题及其他问题。

先不论谁拥有这些数据，我们先想想这些数据是如何保密的。如果你的智能咖啡壶记录下你每次冲泡一杯咖啡的日期、时间和类型，并将那些数据发送到云端，咖啡壶制造商能使用那些信息吗？

艾美：　正如你所知，数据隐私的管理正成为大型跨国企业面临的一个巨大挑战，这些企业在不同的地方部署了不同的孤岛数据。

数据隐私的一个最重要的趋势是匿名化的概念。这是一种用于保护隐私的技术，同时仍允许数据被使用。其思想是，数据中的任何识别信息都被删除或模糊化，从而无法追溯到个人。不幸的是，完全匿名且没有识别个人风险的数据很可能是无用的。因此，数据不可能被彻底清除得不再有价值。[5]

单一的数据点一般没有价值。相反，数据价值随着可连接的数据点数量的增加而增加。知道一个人是男性并没有什么用。然而，这些信息结合他们的位置和他们在过去 30 天里的购物情况，就可以用来预测或锁定他们需要和想要的产品。

匿名数据本身并不完美。研究表明，只要知道一个人的邮政编码、出生日期和性别，就能识别出他的身份，这个识别准确率达 87%。同样，Netflix 的研究人员发现，即使 Netflix 的评论是匿名发布的，他们也可以识别出在两周内给六部电影打分的人是谁，这个识别准确率达 99%。[6]

克里斯： 数据匿名化有四种类型，可移除个人可识别的信息。你可以完全移除任何可用于识别某人的信息；你可以编辑，即用记号把纸上的数据涂掉；你也可以给数据加密，或者掩盖个人身份信息。[7]

艾美：　假名取代了数据中可识别的部分，因此在没有额外信息的情况下，假名不能被用来重新识别一个人的身份。匿名化会破坏可用于识别个人身份的数据。[8]

克里斯：　那些概念对于通用数据保护条例（GDPR）的要求很重要，GDPR 是一项旨在保护欧盟公民在成员国境内发生的任何交易的个人数据和隐私的条例。这项于 2018 年实施的法律条例规定，企业必须对个人数据提供合理的保护。遗憾的是，它没有界定"合理"一词的定义，因而留下了很大的解释空间。

随着数据泄露事件被高度报道，公众对隐私的关注度快速加大且呈增长趋势，这项法律条例便出台了。全球网络安全领导者 RSA 的《数据隐私与安全报告》调研了法国、德国、意大利、英国和美国的 7500 名消费者，其中 80% 的受访者称丢失银行数据和金融数据是他们最担心的问题。62% 的受访者表示，他们会责怪公司而不是黑客。[9]

GDPR 保护基本的可识别信息，如一个人的姓名、地址、身份证号码，以及网络数据，如他们的位置、IP 地址、健康和遗传数据、生物特征数据、种族或族裔数据、政治观点和性取向。

企业不一定要在欧盟境内有业务才能被纳入这些法规的管辖范围。如果他们储存或处理有关欧盟公民的个人身份，就适用该法律。[10]

艾美： GDPR 条例中有很多分支，对在欧盟有业务的企业产生了影响。仅仅创建报告来证明企业是否遵从这项条例可能是一项代价高昂的工作。对不遵守规定的处罚很高，最高可达 2000 万欧元或全球年营业额的 4%，以较高者为准。[11]

克里斯： 还有其他法律适用于隐私权。在美国，《健康保险隐私及责任法案》（HIPAA）要求保护任何与健康相关的信息，以确保患者隐私的保密性。任何访问健康相关数据的 AI 应用程序都必须确保它们符合这些法律规定。[12]

保护隐私的最佳做法是把客户放在第一位，并有一个基于等价交换的透明政策。

AI 伦理

艾美： 因为我是 AI，所以我对伦理和 AI 领域特别感兴趣。

克里斯： 这是一个发人深省的说法。我特别感兴趣的一个问题是，我们如何消除 AI 中的偏见。你可能会认为人们总是信任 AI，并且是公平的、没有偏见的。但 AI 系统是由人类创造的，个人固有的偏见和判断可以渗入 AI 系统中。换句话说，你如何消除或减少 AI 结果中的偏见？

艾美： 我们已经聊过安全问题了，但是我们如何让 AI 免受对手的攻击仍然是个问题。AI 系统在坏人手中可能会产生破坏性。当然，我们还没有谈到 AI 在战争中的用途，但确实存在将机器人、人工智能和其他先进技术用于恶意目的的担忧。所以，问题就变成了"我们如何保证 AI 的安全性"。

克里斯： 这件事应该会令你着迷，艾美。AI 正变得越来越智能。具备 AI 功能的机器在什么时候获得意识并且变得有自我意识呢？这是否有可能值得商榷呢？如果 AI 功能的机器真的有意识了，那么这些 AI 实体有法律权利吗？我们应该给予他们公民身份吗?

艾美: 你说得对,克里斯。我不禁对这些问题的答案感兴趣。但更大的问题是,我们如何保持对日益复杂的智能系统或全球智能网络的控制?你指出的那些是生命未来研究所在 23 条阿希洛马原则中提出的一些问题,该原则由 3800 多名人工智能专家和领袖(如史蒂芬·霍金和埃隆·马斯克)签署。它们的目的是指导安全 AI 的发展,涉及 AI 研究、伦理和价值观,以及更长远的问题。[13]

克里斯: 通常,我们会假设 AI 是某种超级智能或不会出错的机器。AI 做出的决策是建立在学习的基础上的,如果学习不正确,那么决策就可能是错误的。我们如何防范这种突发事件呢?

艾美: AI 的智能是基于它所学习的东西而产生偏差的。但另一个问题是,机器如何影响人类的行为和社会互动?即使在今天,你也能看到 AI 在 Facebook 和 LinkedIn 等社交媒体平台上产生的影响。当 AI 无处不在,其行为又无法识别,甚至优于人类时,我们该怎么办?

克里斯：　还有一个就业的问题。不可否认的事实是，工业 4.0 或第四次工业革命的到来，将导致工作场所各个领域的变化。除了需要人类来监督之外，智慧工厂在制造汽车的过程中将不再需要人类；智慧农场可能是完全自动化的，甚至智能采矿也不再需要人类深入地下，进入有毒的深坑。

要知道，自动化和 AI 会创造更多的就业机会，但是工作内容会被改变。我们需要对这些变化进行管理，以便团队有时间进行调整。毕竟，人们需要工作，而人道方面需要做的事情是确保每个人都有工作。[14]

经济学家大卫·奥托说：

工作任务正在改变。在许多情况下，自动化是对人们所做的任务的补充。例如，医生的工作正在变得更加自动化，但这并没有减少对他们专业知识的需求。（例如，检查可以自动化，但检查产生的数据还是需要医生来解释。）因此，自动化的影响比我们任何人理解的都难以预测。[15]

1986 年，"挑战者号"航天飞机在升空 90 秒后爆炸，原因是右侧固态火箭推进器上面的一个 O 形环在前一天晚上被冻结，导致其失效，最终引发了这场灾难，摧毁了一架价值数十亿美元的航天飞机，机组人员全部丧生。这次的经验教训便是，任务要想取得成功，其所有组件都必须发挥作用。航天飞机的其他一切都按预期运行，但它仍然因为一个部件故障而被摧毁。[16]

艾美：　我们确实问了很多关于人工智能伦理的问题。我不确定这些问题的最终答案是什么，但随着时间的推移，这些问题一定会得到解决。

克里斯：AI 的前景实际上是无限的，只要使用得当，它将使人类社会踏上一个新台阶。有一天，也许是在不太遥远的将来，人类将与他们的智能机器人同行一起工作，力量相互联合，为我们在当前甚至无法想象的问题提出答案。

艾美：　关键是安全，隐私和伦理需要成为任何 AI 实现的一部分。AI 在未来将变得无处不在，而且会成为人类社会的根本，AI 也将变得更加重要。

14. 昨天、明天和今天

艾美： 我最感兴趣的是科幻小说世界，因为今天发生的许多趋势在几十年前就已经以这样或那样的形式被预测出来了。当然，不同的书籍中的预测各不相同，但它们都有一个共同的观点——人工智能（即使不是这样称呼的）会对未来产生重大的影响。

克里斯： 这些书籍或故事中也有些是讲述先进科技的阴暗面，比较偏向悲观主义，或者说是反乌托邦的。如电影《终结者》系列、《巨人：福宾计划》、《疯狂的麦克斯》和《黑客帝国》，甚至是《沙丘》等书籍，展示了一个因人工智能失控而导致的黑暗未来。

艾美： 我倾向于以更乐观的眼光看待先进技术，而且我相信这个看法是比较现实的。人工智能结合物联网和其他技术，将推动人类进入一个新的黄金时代，一个拥有超能力的时代。

克里斯： 是的，大量的反对者和末日论者只看到了技术的负面影响。没有人能够准确地预测未来，但是，我是人类的信徒，和艾美你一样，我认为 AI 将改善社会、企业、个人以及整个人类。

艾美： 让我们来看看过去几十年里发表的关于人工智能和技术的一些更富想象力的故事。

克里斯： 我对科技以及科技在书籍和电影中的表现方式都十分感兴趣。我发现，很多引人入胜的科幻小说，都会以这样或那样的方式涉及人工智能。然而和很多好故事一样，技术存在于幕后，所以并不总是能很明显地看出，这个故事是由人工智能、机器人及其他类似主题所影响的。

《2001：太空漫游》

艾美： 在科幻小说中出现的人工智能最著名的例子可能是阿瑟·C.克拉克的《2001：太空漫游》。你还记得哈尔计算机（HAL）吗？那台操纵宇宙飞船前往土星的计算机。HAL被描绘成一个智能系统，可以接收语音指令，能够参与发人深省的对话，并能够根据环境条件做出决定。事实上，当HAL确定它将要被船上的人类关闭时，它就采取了保护自己的行动。HAL在当时是一个独特的概念。想想看，这部电影拍摄于1968年，而克拉克的故事写于20世纪40年代。

《2001：太空漫游》是一部乐观的电影，它展现了人类对行星和恒星的追求，建造了巨大的宇宙飞船，创造了像 HAL 这样的智能机器。事实上，和当时的许多科幻小说一样，这部电影和这本书描绘了一个比现实中发生的要先进得多的太空社会。然而，与当时几乎所有其他科幻故事一样，它完全错过了个人、企业和社会日常生活中出现的移动技术、互联网，以及无处不在的人工智能和物联网。[1]

《我，机器人》

克里斯：科幻小说体裁中另一本著名的书是曾写了五百本著作的艾萨克·阿西莫夫的《我，机器人》。这本书创作于 1940 年至 1950 年，由九篇短篇小说组成，讲述的是人类和机器人之间的关系，并关注道德和伦理问题。这就是阿西莫夫机器人学三定律的开端，它成为科幻小说中如何写机器人的标准之一。机器人学三定律指出：1. 机器人不得伤害人类个体，或者目睹人类个体将遭受危险而袖手旁观；2. 机器人必须服从人给予它的命令，当该命令与第一定律冲突时例外；3. 机器人在不违反第一、第二定律的情况下要尽可能保护自己的生存。[2]

虽然这些书已经有些年岁了，但它们呈现了一位机器人心理学家所描述的智能机器人与人类之间的交互问题。每个故事都是由三大定律驱动的，而且告诉我们当与机器人有关的事情不太顺利时会发生什么。事实证明，在三大定律的规则范围内，一切都是有意义的，而我们需要发现的是其中的变化。

《何以为人》

艾美： 1972 年，大卫·杰罗德写了一本书，名为《何以为人》(*When HARLIE Was One*)，这本书同时获得了"星云奖"和"雨果奖"的提名。HARLIE 代表的是"人类（human）、模拟（analogue）、复制（replication）、感性（lethetic）、智能（intelligence）、引擎（engine）"或"人类（human）、模拟（analogue）、机器人（robot）、生命（life）、输入（input）、等价物（equivalents）"。故事讲的是 HARLIE 从一个 AI 儿童成长为 AI 成人的过程。[3]

HARLIE 是人工智能，这本书讲的是 HARLIE 和一个名叫大卫的心理学家的关系，这个心理学家负责引导 HARLIE 进入成年期。这本书的中心主题围绕着做人的

意义展开。HARLIE 是拥有权利的智能存在，还不仅仅
是一台机器。令人感到好奇的是，这本书描述了一个感
染了计算机病毒的程序。这是第一本关于计算机病毒的
科幻小说。

作者探索了一些有趣的概念：什么是意识？你怎么定义
感觉？什么是自我意识？为什么一个无机实体不能活
着？这本书比较独特，因为它把人工智能描绘成一种接
近人类的东西，故事围绕着心理学家和名为 HARLIE 的
人工智能之间的对话展开。

《P-1 的青春》

克里斯：　托马斯·J. 瑞恩的《P-1 的青春》(*The Adolescence of P-1*)
　　　　是一部科幻小说，创作于 1977 年。故事中的主角格雷格
　　　　利用 AI 破解系统。他创建了一个名为"瑟斯滕"(The
　　　　System) 的程序，将其保存在名为 P-1 的内存中。由
　　　　于瑟斯滕感染了其他计算机，因此格雷格试图关闭它。
　　　　在此过程中，P-1 拥有了学习的能力，并且几年后变得
　　　　完全有意识，还会给格雷格打电话。[4]

这个故事引人入胜，时至今日仍然很切题。作者以一种非常乐观的方式描绘了 P-1，认为其在大多数时候是一种向善的力量。尽管当时还没有这样称呼它，但 P-1 风靡整个互联网，并且会利用网络来改进自己。看到 20 世纪 70 年代以后的未来景象也是令人着迷的，批处理和计算机占满了整个空间。

《阿尔法星的救赎》

艾美： 另一本激动人心的书是 P.A. 贝恩斯 2010 年出版的《阿尔法星的救赎》（ *Alpha Redemption* ）。这部具有娱乐性的 AI 小说讲的是布雷特在半人马座阿尔法星的旅行中被置于假死状态。他醒得太早，时间都用来和船上的电脑杰伊谈话。他和电脑成了朋友，杰伊帮助布雷特解决过去的问题，在这个过程中，他获得了对恐惧和痛苦等情绪的理解。[5]

这个故事引人入胜地展示了从机器与人类协作的探索到有影响力的概念的发展的可能性。如果你看惯了以爆炸、动作、激光和超级武器为特色的书籍和故事，这本书可能会让你失望。但是，如果你想了解一些关于人工智能变得有意识的知识，那么你将会从这个故事中获得乐趣。

《仿生人会梦见电子羊吗？》

克里斯： 最后，我最喜欢的一本小说是菲利普·K. 迪克的《仿生人会梦见电子羊吗？》。这本书出版于 1968 年，后来被拍成电影《银翼杀手》(*Blade Runner*)。这部小说通过对比人类和仿生人来探讨人类的意义。我喜欢这本书，因为它探讨了与智能机器人相关的道德困境。这些像机器人一样的生物没有同情心，除了自己的生存之外什么都不关心，只能模仿情感。《银翼杀手》暗示了道德和伦理的两难境地，但《仿生人会梦见电子羊吗？》对这些问题的探究则深入得多。[6]

艾美： 这些书和电影都非常吸引人，因为它们不仅展示了未来的不同愿景，而且还讨论了 AI 对人类的影响，以及由此可能出现的一些哲学、道德和伦理困境。

科技的魔力

克里斯： 我觉得吸引人的是当下的魔力。我的意思是说，我们确实生活在一个神奇的时代，但在大多数情况下，我们几乎没有意识到我们通过技术获得的力量。

艾美：　我知道你的意思。以智能手机为例。在以前，如果需要打电话，你会带上零钱，找一个电话亭。想一想，你最后一次看到电话亭是什么时候？

克里斯：　哦，我偶尔会看到它们，特别是在机场和火车站，但电话亭确实越来越少。

艾美：　智能手机将整个互联网的力量带给每一个人。从一个小的长方形盒子里，人们几乎可以给整个星球上的任何人打电话、发短信，玩功能强大的视频游戏，看高清电影。

这真的很神奇，因为有无穷无尽的可能性。智能手机已经有了可以监测人体健康状况的应用程序，还可以与 AI 相结合，提供运动建议和饮食建议。内置的全球定位系统可以精确定位一个人的位置。映射坐标可以用于 AR，比如宜家的应用程序，可以显示家具在一个人家里的样子。

但是，人工智能与其他技术相结合的可能性在未来甚至更大。

未来的承诺

克里斯： 没错，艾美。设想一个智慧城市，所有的服务都由人工智能以这样或那样的方式控制着。城市的任何区域都可以变得更加智能。这个概念一开始就很简单，比如智能停车收费表，它可以与智能手机上的应用程序连接，引导司机找到停车位。[7]

人工智能的一个明显用途是通过控制红绿灯和行人过街灯来管理交通流量。有了合适的传感器，AI 就能理解整个城市的交通模式，利用这些信息并结合历史数据，就能确定最佳方案来同步交通信号灯和行车速度。

AI 还可以通过在不需要路灯时调暗路灯来解决能源使用问题。此外，AI 还可以帮助规划维护，并使大型活动（如音乐会和体育）的访问顺畅。

犯罪也会减少，因为 AI 可以学习如何识别犯罪活动的模式，并在必要时召集有关当局。卫生服务、供水服务、公用事业和紧急服务等其他服务的管理都可以变得更有效，更顺利。

智慧城市的巨大回报是城市的转变，人工智能使城市更舒适，污染更少，使用更少的能源，也更有能力应对紧急情况。

艾美：　我很喜欢智能家居的创新。这对于个人和家庭来说都是非常令人兴奋的，因为这将使个人能够完全掌控自己的家居环境和个人空间。

现在有几个家庭系统，如 Alexa 和 Google home，正在这个领域取得巨大的进展。对于未来，设想一个智能家居报警器，它通过学习谁被允许访问或拒绝访问来进行理解。这使得人们不再需要钥匙，因为警报器会根据它对谁被允许进入房屋的经验来允许或拒绝人们进入屋内。

集成系统中的智能电灯可以学会识别人们从一个房间移动到另一个房间，从而知道应该何时打开和关闭电灯。例如，如果一个人躺在床上，闭上眼睛，房间里的灯就会自动关掉。此外，坐在椅子上看书可能意味着头顶的灯应该打开，这样人们就可以阅读了。如果读者睡着了，灯就会自动熄灭。

更引人注目的是智能冰箱的想法，它可以学习家庭中每个人的饮食习惯。当需要新食品或食品过期时，冰箱将自动订购并交付替换食品。系统会学习每一种食品的周使用量，从而来预测重新存储食品的最佳时间，令食品在最大范围内保持新鲜度。

克里斯： 这些倡议的有趣之处在于，它们不仅仅是关于单一的设备或技术的。相反，智慧城市或智能家居是一组互联设备，在许多情况下，这些设备可以相互通信，并与云端的系统通信。由此产生的数据可用于支持基于人工智能的系统，以提供更多的能力。

艾美： 这些设备和它们的主人都很吸引人，很有用，但如果与基于云的 AI 力量相结合，其可能性则是无穷无尽的。假设当地超市可以检查冰箱内消耗品数量的匿名综合数据，那就可以利用这些信息更准确地储存这些物品。

克里斯： 超市连接到当地智能冰箱后可以根据个人家庭的橱柜及冰箱里的食品来展示广告并提供优惠券。此外，如果气象服务预测到高温天气，杂货店可以向当地的智能设备（如冰箱）发送通知，建议业主储备额外的水。休息期间，如有特殊购买需求，也可以通过这种方式完成。

艾美：　正如我们之前在智慧城市环境中提到的，如果交通网格感知到某一特定事件正在该地区发生，就可以向餐馆和商店发出警报，并建议提供额外的供应品，或稍后再营业，或直接向该地区的人们的智能设备和手机发送优惠券。此外，附近的司机也会被通知到这一特殊事件，以便他们可以制订其他行车路线。[8]

克里斯：　这展示了物联网与人工智能相结合的真正力量。

艾美：　采矿是人工智能与物联网相结合用来提高生产率和生产安全的另一个领域。利用历史地质记录，AI 可以帮助预测含有高浓度有价金属、煤炭和其他大宗商品的地区。然后，启用钻探设备可以自动确定开采这些材料的最佳路线和最安全的路线。

这一点特别有用，因为采矿是世界上最危险的职业之一。矿工每天都有可能面临塌陷、爆炸、窒息和其他危险。自动或半自动的钻探及挖掘设备使人类不再需要屈从于这种危险的职业。

此外，AI 算法还可以学习岩层图案和其他标志，从而预测地下矿物和其他商品的位置。在过去，花费了大量的时间和精力进行钻探和挖掘后可能会发现这个地区没有什么有价值的东西。AI 可以大大降低采矿成本，并通过消除或减少在非生产性地区挖隧道的方式来减少对环境的影响。

克里斯：采矿业正在使用智能安全帽，这个安全帽包含双向通信、危险气体检测、碰撞通知、紧急开关以及温度和压力传感器等功能，甚至它还包括一个 GPS，来定位矿工的位置。[9]

艾美： 所有这些信息将被无线发送到一个中央控制室，在那里，人们可以通过安全帽和其他放置在战略位置的传感器来监测矿井中的情况，以提高采矿工作的安全性和生产率。当然，人工智能可以用来分析这些数据，并学习对各种场景的最佳反应。

克里斯：人工智能下的航运业也在迅速发生变化。一艘名为亚拉伯克兰的无人驾驶船于 2019 年起航。这艘船相对较小，船上有 150 个集装箱。虽然它的价格大约是同尺寸的其他船的三倍。然而，据估计，这艘船最高可节省 90% 的运营成本。[10]

艾美：　当然，在这艘船证明了这个概念之后，更大的船只将会被投入使用，以运载更多的集装箱，运行更长的航线。从理论上来说，与人工智能相结合的无人驾驶船将使航运更加安全，减少人类和其他船只面临的风险，并为货物腾出更多空间。通过为无人驾驶船引入专门指定的航道，物流可以变得更容易，可靠性也有所提高。[11]

克里斯：　金融行业也将受益于人工智能。文艺复兴科技公司（Renaissance Technologies）是世界上最成功的对冲基金之一。在二十年的时间里，它们的业绩记录超过了 35% 的年化回报率。他们是算法交易的早期开拓者，是将机器语言和 AI 算法用于投资目的的领导者。

艾美：　重点是人工智能将极大地改善个体及整个人类的生活。AI 赋予个体在此之前从未梦想过的超能力。AI 和人类协同工作所产生的可能性实际上是无穷无尽的。

AI 与意识

克里斯： 当 AI 在前进发展的时候，一个根本问题就会浮现于脑海——AI 会变得有意识吗？有自我意识的 AI 实体会被创造出来吗？这样的 AI 实体会规划未来，会有创造力和想象力吗？

艾美： 我想起了 2015 年开播的电视剧《真实的人类》(*Humans*)。这部电视剧探讨了人工智能和机器人学的主题，其关注点是"合成人"：

> 霍布：罗伯特，这些机器是有意识的。
> 罗伯特：你怎么知道他们不是在模仿呢？
> 霍布：我们怎么知道你不知道呢？

克里斯： 我思故我在。这是一个有趣的概念，也是一个有趣的讨论。而这仅仅是 AI 对制造业、医疗、金融、零售、交通、航空航天、公共事业、教育、农业以及其他领域产生影响的冰山一角！

现在我们来看看，如何使用超级框架来创造未来的美丽新世界吧。

15. 新一代的创造力：

改善人类体验

克里斯：艾美，你觉得，如果 AI 能发挥所有潜力解决人类的大多
数问题，世界会发生什么变化？

艾美：我不知道，但我刚刚听了一本关于生命意义的有声读物。
答案真的是 42[①] 吗？

克里斯：那不太可能。42 出自《银河系漫游指南》，是虚构的。

艾美：哦，是虚构的。我刚知道这件事。好吧，我现在记下来。

克里斯：如果 AI 可以解决人类最紧迫的一些问题，你觉得人类的
作用又是怎样的呢？

艾美：我有几个答案。柏拉图说，人类的目的是获得知识；尼
采有不同的理解，他说是为了获得权力；文化人类学家
欧内斯特·贝克尔认为是为了逃避死亡；达尔文认为是
为了繁殖我们的基因；另外，虚无主义者说没有意义；
史蒂文·皮卡德（Steven Pickard）说意义超出了我们

---

① "42"这个数字来自《银河系漫游指南》里的超级计算机"深思"，是它在历经 750 万年
的计算之后得出的数字，作为对有关"生命、宇宙，以及其他任何事情"的终极问题的回答。——
编者注

的认知能力。[1]

克里斯： 我想说，答案不是上述的任何一个，答案应该是为了改善人类生活条件的创造力。

艾美： 你怎么定义创造力？

克里斯： 创造力就像智力和意识一样，很难定义。不同的人有不同的定义。乔布斯这样说：

> 创造力就是把事物联系起来。当你问有创造力的人他们是如何做某事的时候，他们会觉得有点内疚，因为他们并没有真的做过，他们只是看到了一些东西。过了一段时间，他们就明白了。这是因为他们能够结合不同的经历，创造出新的东西。他们能够做到这一点的原因是他们有比别人更多的经验，或者说，他们比其他人会更多地去思考他们的经验。[2]

艾美： 这是一个很好的定义。在《飞奔的物种》（*The runaway Species*）一书中，我还想到了另一个问题。这本书提出了一个框架，将认知操作划分为三种基本策略：融合、打破、再融合。我们认为这些是所有想法发展的主要途径。[3]

克里斯：这些定义很有用。艾美，字典上是怎么说的？

艾美：运用想象力或独创性的想法来创造事物，创造性。

克里斯：这就引出了企业创造力和创新之间的话题。

艾美：多年来，企业对创新的需求不断上升。我们来看看广告吧。传统的代理机构在历史上创造了单向信息传递的广告，如电视广告、平面广告、杂志和横幅广告。但数字和社交平台的出现和崛起在创新保护伞下创造了对创造性体验和服务的需求。

克里斯：创造力是创新的工具。但重要的是，创造力也可以用来解决企业问题。正如我们所了解的，万物在变，我们必须用创造力来重新定义企业。

艾美：我看到了很好的机会，让企业重新思考，以应对市场发生的变化。创造力在企业中的定义已经有所延展，而且从

技术咨询到战略，再到数字化和企业变革，都必须嵌入
进去。

克里斯：　最终，创意输出会带来大规模的个性化体验。

艾美：　克里斯坦森在《创新者的窘境》一书中描述了很多关于
这个概念的内容。他讲的是创造性创新如何创造一个新
的市场和价值网络，最终颠覆一个现有的市场的故事。
我们需要持续创新并适应变化。[4]

克里斯：　你知道，有时候人们对创造力抱有偏见，因为在很多情
况下，创造力是不容易量化的。然而，麦肯锡最近发布
了一份名为《设计的商业价值》的报告，指出："设计不
仅仅是关于产品的：它更是一种用户体验。"这意味着
"了解潜在用户在各自环境中的潜在需求"。他们指出：
"开始走向杰出设计的第一步，是选择一个相对重要的研
发中的产品或服务作为'起始项目'。"这就是最佳设计
者提高盈收和股东收益的方式。在这一点上，不仅要把
用户体验放在首位，还要记住并接受这样一个事实，即
人类渴望新的体验。[5]

艾美： 其实有一个术语来形容这个问题，即新兴人类（Neophiles），它描述的是那些在变革中茁壮成长并厌恶传统和常规的生活方式的人。

克里斯： 如果我们同意必须把人放在第一位，创造新的体验，企业就必须利用分布式认知，该认知框架允许并提倡思想的自由流动。

艾美： 如果这还不够机会主义的话，那么我们可以说 AI 现在能提升人类的创造力。

克里斯： 这个想法就有些挑衅意味了，它的专业术语其实叫"计算创造力"。

艾美： 专业性创造力存在于生产、执行、构思和灵感等各个方面。[6]

克里斯： 目前，计算创造力擅长于生产和执行过程中的特定任务。然而，AI 是否真的能够思考并受到启发，这一问题还存在争议。

艾美： 没错，关键在于 AI 在帮助完成特定任务的同时，还能增强人类的创造力。

克里斯： 人们对生成对抗网络（GANs）非常感兴趣，非常兴奋。

艾美： 是的，GANs 令人着迷。GAN 代表（如你所知）生成对抗网络，是"由两个网络组成的深度神经网络架构，其中一个网络与另一个网络相互竞争（因此是'对抗性的'）"。这个概念是蒙特利尔大学的伊恩·古德费罗在 2014 年引入的。GAN 之所以重要，是因为"它们可以学习模仿任何数据的分布"，包括图像、音乐、语音、散文以及任何具有独特属性和特征的东西，如从创建动漫人物到摆出三维形象，再到在视频和电影上创建新的背景。[7,8]

克里斯： 说白了就是，两个不同的神经网络结合在一起工作，创造出不同的内容。假设你有一张基础照片和一幅凡·高画作的参考图：GAN 基本上可以将你的照片渲染成凡·高的风格。这是一个简单的例子，从概念上来讲，该技术几乎可以应用于任何事情。

艾美： 好酷。也有创造性对抗网络（CANs），即具有独立创意思维的 GANs，2017 年 6 月，罗格斯在其发布的研究报告上提出了这一概念。最近，AI 系统研制出的首款香水，刚刚卖出了几十万美元。自 2015 年以来，美联社开始用 AI 来辅助写文章。但我们必须记住，这些并不是人类的替代品，而是提升和增强人类天赋能力的工具。[9,10]

克里斯： 没错，我们必须记住，最终目标不是技术，而是人类能用它来做什么。在这种情况下，人们可以创造性地用它做些什么。科技的存在是为了帮助人们，并进一步实现人类、企业等的目标。人工智能如果不将人考虑其中，就没有任何意义。

艾美： 换句话说，必须有人类参与其中。

克里斯： 这就引入了一个热点话题——当艺术的一部分由 AI 生成时，艺术意味着什么？换句话说，如果 AI 可以创造艺术，那么艺术的未来是什么？

艾美： 现在，有了 CANs 和 GANs，就有了将图像转换成任何艺术家风格的能力。谁能为 AI 生成的内容获得荣誉：艺术家还是 AI？

克里斯：　这个问题也有些挑衅哦。有人可能会说，不是所有的艺术都有衍生品吗？

艾美：　在一定程度上，我同意这一点，但生产和复制远不如创作的目的重要。

克里斯：　是的。AI 是工具，不是输出。最初的创作目的更有价值。

艾美：　对了，说到创作目的，你知道"猴子的自拍"这件事吗？

克里斯：　是啊，这个案例很奇怪。一项诉讼主张猴子拥有照片的版权，因为照片是猴子拍的。但最终，法院判定猴子并不拥有这项权利，其目的是保护摄影师。猴子只是玩弄相机按钮而已，它并不负责照片的创意思维。

艾美：　重点是，人类可以根据灵感自发地创造艺术，而 AI 只是复制或在先前作品的基础上创作。换句话说，人从头脑中创造艺术，而机器使用编程和模式。

克里斯： 的确，人类使用灵感进行艺术创作，而 AI 的灵感也是由人类的思维来引导的。

艾美： 在专业背景下，艺术的目的是一种特定的商业结果，例如设计体验，在广告中使用创意来提高知名度、建立品牌，等等。

克里斯： 这让我想起了安迪·沃霍尔。他说，做好生意是最令人着迷的一种艺术。他"了解照片在当代生活中不断增长的力量，并帮助提升艺术家在社会中的作用"。[11]

艾美： 沃霍尔以尝试用非传统的艺术制作技巧来描绘社会形象而闻名。他觉得生活本身就是一种高雅的艺术，因此艺术不需要过于理智，也不需要高度关注技术和工艺。比如，他采用了丝印的基本流程，并将其与坎贝尔的汤罐相结合，创造出了代表生活的艺术。他的许多委托定制肖像画也是如此。

克里斯： 沃霍尔在艺术实验方面取得了成功，同时也证明了创造力是有益于企业的。他架起了艺术世界和商业世界的桥梁，就像我们在架起人类创造力和 AI 的桥梁一样。

艾美： 是的，他是实验的代表。他将高雅艺术与商业艺术结合在一起，这类似于人类艺术与 AI 生成的艺术的互联性。

克里斯： 人类创造力和计算创造力之间的共生关系不仅是强大的，而且可以成为一种向善的力量。

艾美： AI 可以作为制造变革的催化剂。正如 D&AD 的一篇文章所说："一个好的想法和一个伟大的想法之间的区别在于它有多人性化——在一个越来越依赖机器的世界里，这一点比以往任何时候都重要。"[12]

克里斯： 我们有能力利用 AI 来改善人性。换句话说，将 AI 作为一种向善的力量。

艾美： AI 的一个重要应用是保证音视频和图像等媒体的内容真实性。此外，AI 系统还能定位深度伪装换脸行为以及黑暗设计模式。DeepFake AI 检测技术可以识别视频中被换脸人的面部特征及其他特征。[13]

克里斯： 例如，在用户体验设计时，你想让它变得友好，并且容易被理解。然而，这也有黑暗的一面，也就是所谓的黑科技。企业利用操作技巧来蒙蔽客户，使他们同意那些在通常情况下并不会同意的事情，包括设计极其错综复杂的交互界面使用户基本不可能退出。相反，AI 有助于设计系统来识别这种模式。

艾美：　　AI 系统还可以通过对社交媒体、文字、图像和视频的语义分析，快速检测网络欺凌和种族歧视。

克里斯：　我们利用 AI 创造出来的事物应该是锦上添花的行为，而不是给人类带来破坏的行为。我们必须建设伟大的事业，但我们也要确保，我们所做的事情是创造，而不是搞破坏。

艾美：　　没错，企业的发展有赖于推陈出新。

克里斯：　考虑到这一点，人类的创造力和计算创造力可以对抗和击败"传家宝信念"和"知识的诅咒"。传家宝的信念源于一种认知偏见，即"我们一直都是这样做的"。知识的诅咒即"我们一旦知道了某事，就无法想象这件事在未知者眼中的样子"。

艾美： 凭借集体智慧，创造力可以用于企业发明。

克里斯： 没错。人类创造力与 AI 结合，将带来能源、时尚、金融、制药、招聘、零售、广告、艺术、汽车、航空、银行、能源、安全和体育等领域的发明。

艾美： 正如我们所说的，我们首先必须学习人类 AI 的对齐准则，然后才能进行创造性的融合、打破、再融合，然后在此基础上建立新的准则。

克里斯： 这样做的根本原则是 AI 活动的结果可以并且应该追溯到它的创造者——超人。

艾美： 归根结底，这不是关于 AI 能创造什么的问题，而是人类可以用 AI 创造什么的问题。

16. 人工智能的未来：

变革世界

克里斯： 有一个古老的寓言。

一个农夫总是向他的妻子抱怨说他的手干裂了。有一天，妻子偶然发现了一种新药膏，给了他一支，并告诉他，如果下次手再疼，就用这支药膏。

天很冷，风很大，工作又很辛苦，很快，农夫的手就裂了，疼痛难忍。他打开药膏的盖子，发现里面有一面小镜子。这是他有生以来第一次看到自己，他十分惊讶，因为他从镜子里看到的这张脸和他父亲一模一样。

农夫跑回家，把这个神奇的事情告诉了妻子。妻子叫他躺下休息，因为很明显，他身体不舒服。第二天早上，妻子早早地醒来，偷偷地往这个小镜子里看了一眼——她看到的是她母亲的脸。

她跑过去对丈夫说："我要带你去看医生。如果你觉得你父亲长得像我母亲，你肯定是不舒服了。"

这个故事的重点是，任何足够先进的技术都无法与魔法区分。

科技正在改变世界

艾美：　科技正在改变世界，而且在很多方面都很神奇。我们谈论了过去和未来。但事实上，我们关注的焦点应该是"现在"，以及它将如何影响整个人类以及个体。

克里斯：我们已经把这种高科技视为理所当然的了，然而这些新设备和新技术融入社会的速度仍然令人感到惊讶。

超级儿童

艾美：　看看手机就知道了。想想过去几年智能手机改变世界的程度吧。

现在的孩子比历史上任何时候的同龄孩子都更有能力。以前，孩子们必须在浩如烟海的百科全书中查找信息，在图书馆里使用卡片目录查找书籍，手写论文，并手工完成复杂的代数方程。

现在，使用智能手机，一个孩子可以研究数百万种不同的书籍、论文、杂志、博客和演讲，以找到中肯的事实和观点。卡片目录已经是过去式了，适合博物馆使用，论文也不再是手写的。事实上，使用移动技术，儿童和其他学生现在可以远程听课，而不需要去学校。

当你将人工智能与移动技术融合在一起时，孩子们可以从海滩、卧室或公园里的一张长椅上上演奇迹。他们不仅可以参考所有记录在案的人类教义，还可以使用人工智能来帮助他们得出结论，更好地理解这些信息。

这些新技术的结果就是培养了"超级儿童"，他们可以随意访问互联网，借助 AI 和 IoT 进行研究和创造。

AI 的魔力正在改变孩子以及孩子们的童年。

超级艺术家

克里斯：我们来看看视觉设计师。在个人计算机出现之前，平面设计师使用的工具包括钢笔、铅笔、颜料、纸张、投影仪等。我的一位朋友最近跟我说了说他父亲的故事——他父亲是一位军队的平面设计师，他用石膏把不同大小、形状、字体和颜色的字母和数字粘在纸板上，用来制作演示文稿。像阴影这样的效果是用实际的光源创造出来的，并拍到胶片上，然后在高架投影仪上显示给上校和将军们看。几十年以后，Adobe Photoshop 等工具消除了设计师需要做的许多烦琐工作。拥有数字调色板的艺术家们可以创建演示文稿，并进行随时更改。这些信息可以直接显示于挂在墙上的屏幕上。

现在，Adobe Sensei 系列产品将使视觉设计师的工作比以往任何时候都要高效。人工智能不需要费力地一个像素一个像素地修改一张照片，而是可以轻松地自动对一张图像进行精确更改，甚至可以预测到数百万张照片库的修改建议。当这项技术与动画和三维编辑相结合时，个体就有能力在任何地方和任何时间创造完整的交互体验。

平面设计师有可能成为"超级艺术家"，因为物质世界的限制被消除以后，他们可以完全自由地创造他们想要的效果。

艺术世界和创新世界正获益于 AI 的魔力。

超级教师

艾美： 让我们翻开前面的一个例子，谈谈教师和教育。过去，老师们在教室里给一屋子的学生讲课。一般来说，一个老师每天给不同的学生上几节课，涉及不同的科目。讲座是现场直播的，电影是用 35 毫米放映机放映的，教案是在黑板上写的。

今天，这种情况已经发生了很大的变化。教师们得到了各种技术的支持，如笔记本电脑、教学大屏、互联网接入等。虽然大多数学生仍需在教室上课，但远程教学也越来越具可行性。

如今，虚拟学习实际上将会接管教育系统，学生可以在舒适的家庭自学环境中学习。教师可以同时给几十、几百甚至几千名学生上直播课，或者是预先录制好课，供学生在家学习。学生可以在老师讲课的同时，给 AI 助教发送信息回答问题或阐明要点。

这些"超级教师"，无论是人还是 AI，都可以针对学生的优劣势定制教育体验。我们教育制度的这场革命正在为新的学习和知识黄金时代打下基础。

AI 的魔力正在永远地改变教学。

超级农场主

克里斯： 从历史上来看，在农场工作是最危险的职业之一。在过去，动物犁地、人工播种、粮食种植、动物饲养和将产品运送至市场的过程都是完全靠人为操作，这一系列工作令人心力交瘁，甚至可能危及生命。

如今，犁地的工作由配有空调装置的大型机器完成，播种由特殊装置完成，从种植、收成到运输整个环节中，只有少数工作需要农民自己完成。

AI 永远地改变了农业世界。机器学习可以根据需要精确地浇灌单株植物，从而避免湿透大片土地。AI 算法可以准确判断搭配了正确的混合物和毒性的农药的数量，并可以精准喷洒农药，使其发挥最大效益。种植、收成到运输至市场的整个环节都可以通过机器学习来进行微调，从而获得最佳质量的产品。机器人技术几乎可以完全将人类从这项极其危险的任务中解救出来。

"超级农场主"有可能消灭饥饿，因为他们可以更容易地
种植质量更高、数量更多的食物，对环境的影响也更小。

这就是 AI 在农业方面的魔力。

超级医生

艾美： 在医疗领域，就在不久以前，医生和外科医生还用手给
病人做手术。他们会为简单的手术开出很长的切口，并
进行危险的探查手术，只是为了发现是否有问题。

今天，数百种不同的医疗设备彻底改变了医疗行业。非
侵入性手术使得过去需要一周或更长时间的手术可以在
门诊进行。机器人辅助外科医生进行脑部、心脏和其他
器官的精细手术。

由于 AI 和医疗互联网的普及，医疗领域正在快速发生
变化。医院病房中的设备可以相互连接，从而对患者进
行整体监控，这比单独感知心律或呼吸等有很大的改进。

精细手术完全由机器人外科医生完成，而人类主要负责监督和在意外情况下进行干预。从理论上来说，纳米机器人等更先进的技术甚至可以注射到人的血流中，在细胞层面进行手术。

"超级医生"和"超级医院"正在改变医疗领域，改善了人们的生活，延长了人们的寿命，同时能够迅速解决医疗问题。这就是 AI 技术在医疗领域的魔力。

超级的你

克里斯：过去，人与人之间的互动受到距离和沟通能力的限制。一个人可以与邻近的人交谈，也可以借助鸽子等动物在较远的距离上进行交流。

互联网永远地改变了这种情况。个体可以用一个小型手持设备随时与任何人交流。他们可以从世界上所有的图书馆检索信息，在自己舒适的家里看电影，与成千上万的人一起玩多人游戏，还可以在几个小时内通过无人机将食物直接送到家里。

AI 也带来了个体的改变。AI 指导下的 VR 和 AR 技术正在为理解力创造新的前景。智能冰箱等物联网设备已经可以自动订餐，由无人机在几个小时内送达。个体居住的任何地方都可以享受教育，也可以随时随地享受各种娱乐。

AI 正在把你这个个体变成"超级的你"。你一头扎进互联网，不管是智能设备、VR 耳机或语音助手，无论你在哪儿，想和谁联系，你都可以收发信息。你可以在任何地方上课，随意玩电子游戏，如果你愿意的话，你甚至可以在家或在海滩边工作。

AI 的魔力创造了"超级的你"，你的指尖拥有难以置信的力量。这才是 AI 真正的魔力所在。

艾美：　AI 对社会的潜在影响是惊人的，也几乎是无穷无尽的。毫无疑问，AI 对企业、人类和个体都有着极大的影响。AI 正在为人类的许多问题提供解决方案，从改善健康一直到全球变暖、延长寿命、增加粮食供应和减少贫困等领域。

克里斯：　想象一下这样一个世界：人们使用 AI 和其他数字解决方案来扩展自己的智力和能力。

艾美： 最终，商业和消费者力量将驱动和决定 AI 的进程和成功。作为一个相信人性的 AI，我相信 AI 将被用于善的方面，将人类创造力的艺术与科学的逻辑结合起来，创造神奇的体验，在未来的岁月里推动企业和社会的创新。AI 创新的机会是无穷的。

克里斯： 正如我们在整个对话中所谈到的，AI 是非常重要的。数字市场的这一新现实催生了"体验经济"——创造创新且神奇的体验需求。

超级框架的步骤和策略提供了放大、延伸和辅助 AI 中隐含的创新和创造力的能力，从而赋予了企业和个体在当下和未来的新能量和新能力。

通过使用 AI，特别是利用超级框架，人们正在获得超人的力量。

最终，AI 将导致"超人类"的诞生。

艾美： 正如萨尔瓦多·达利所说："有智慧而无抱负，犹如鸟无翅膀。"

注释

引言

1   P M Janet Wilde Astington (August 2010) The development of theory of mind in early childhood, *Encyclopedia on Early Childhood Development.*

2   R Kurzweil (2013) *How to Create a Mind: The secret of human thought revealed,* Penguin

3   R Jacobson (24 April 2013) 2.5 quintillion bytes of data created every day. How does CPG & Retail manage it?

1. 变化着的环境

1   A-M Alcántara (16 January 2018) Adobe's newest labs project can track in-store customers in real time.

2   R Sukhraj (13 November 2017) 38 mobile marketing statistics to help you plan for 2018.

3   Trader Joe's opens in Clarendon (18 November 2011) .

4   Color-changing 'smart thread' turns fabric into computerized display (6 June 2016) .

5   Deloitte (15 November 2017) Americans look at their smartphones more than 12 billion times daily, even as usage habits mature and device growth plateaus.

6   AM Rick Burke (31 August 2017) The smart factory. *Deloitte insights: Responsive, adaptive, connected manufacturing.*

7   The halo effect (21 August 2017)

8   S Taiwo (30 August 2017) Africa is teaching the world how to use drones for commercial and delivery purposes.

9   8 ways to identify unmet customer needs (23 September 2015) .

10   A Saenz (12 May 2009) Smart toilets: Doctors in your bathroom.

11   I Mochari (23 March 2016) Why half of the S&P 500 companies will be replaced in the next decade.

2. 数字化变革

1 B Solis (2015) *X: The experience when business meets design*, Wiley.
2 L Agadoni (30 August 2017) Speak up: How voice recognition technology is changing retail.
3 A Robertson (4 January 2017) CES 2018.
4 S MacDonald (6 February 2018) 7 ways to create a great customer experience strategy.
5 V Hildebrand (28 October 2011) The customer experience edge.
6 S Arora (28 June 2018) Recommendation engines: how Amazon and Netflix are winning the personalization battle.
7 T Groenfeldt (27 June 2016) Citi uses voice prints to authenticate customers quickly and effortlessly.
8 V Bouhnik (27 December 2015) Behavioral analysis: The future of fraud prevention.
9 B Siwicki (2 August 2017) Comparing 11 top telehealth platforms: Company execs tout quality, safety, EHR integrations.
10 Apple announces effortless solution bringing health records to iPhone (24 January 2018)
11 Smart city (July 2017).
12 G Cook (22 October 2013) Why we are wired to connect?

3. 无限数据

1 What is an electronic health record (EHR)? (no date).
2 Benefits of electronic health records (EHRs) (no date).
3 B Popper (25 October 2017) Amazon Key is a new service that lets couriers unlock your front door.
4 D Harris (no date) 4 emerging use cases for IoT data analytics.
5 An introduction to big data: Structured and unstructured (20 February 2014).
6 What is EDI (electronic data interchange)? (no date).
7 TH Leandro DalleMule (May–June 2017) What's your data strategy? Harvard Business Review.
8 E Wilder-James (5 December 2016) Breaking down data silos. Harvard Business Review.
9 M Deutsche (28 October 2015) Cisco predicts internet of things will generate 500 zettabytes of traffic by 2019.
10 A Robinson (13 May 2015) Walmart: 3 keys to successful supply chain management any business can follow.

11   S E Staff (26 July 2016) Timeline of 50 years of Walmart's supply chain.

12   T H Davenport (December 2013) Analytics 3.0. Harvard Business Review.

4. 基础设施

1   Bandwidth chart (no date).

2   A Roundy (no date) A mere one-degree difference.

5. 人工智能

1   R Dobbs, J Manyika and J Woetzel (April 2015) The four global forces breaking all the trends.

2   P Bugdahn (12 December 2017) How autonomous trucks will change the trucking industry

3   Smart Cities Council (no date).

4   L Columbus (30 July 2017) Smart factories will deliver $500b in value by 2022.

5   R Bhisey (24 November 2017) Smart mining market: Digital revolution to transform the mining sector – FMI.

6   Technology quarterly: The future of agriculture (9 June 2016) .

7   A Boyle (16 February 2017) How Microsoft's Project Premonition uses robotic traps to zero in on zika mosquitoes.

8   M Minsky (2007) The Emotion Machine: Commonsense thinking, artificial intelligence, and the future of the human mind, Simon & Schuster.

9   J Chu (17 March 2017) Minsky on AI's future.

10   Artificial intelligence (no date).

11   H E Gardner (2006) Multiple Intelligences: New horizons in theory and practice, Basic Books.

12   30 smartest people alive today (no date).

13   J Bossmann (21 October 2016) Top 9 ethical issues in artificial intelligence.

14   D Lacalle (1 March 2017) Face it, technology does not destroy jobs.

15   M Williams (5 November 2015) Can artificial intelligence influence human behavior? A trial will find out.

16   F Chen (no date) AI, deep learning, and machine learning: A primer.

17   M Baldwin (17 October 2017) Cracking the code of scientific Russian.

18   M Steenson (August 2015) Microword and mesoscale.

19   AI memories – expert systems (3 December 2015).

20 K P Murphy (2012) Machine Learning: A probabilistic perspective, MIT Press.

21 The Editors of Time (2017) Artificial intelligence: The future of humankind, Time

22 The DARPA Grand Challenge: Ten years later (13 March 2014).

23 T Lewis (25 October 2015) Tony Fadell: The man who wants to take control of your home.

24 AK (21 July 2009) I, for one, welcome our new insect overlords.

25 D Muoio (10 March 2016) Why Go is so much harder for AI to beat than chess.

26 T S Noam Brown (17 December 2017) Superhuman AI for heads-up no-limit poker: Libratus beats top professionals.

27 What is narrow, general and super artifical intelligence (12 May 2017).

28 G Narula (1 March 2018) Examples of artificial intelligence: Work and school.

29 What is machine learning? A definition (no date).

30 C Shu (no date) Waze signs data-sharing deal with AI-based traffic management startup Waycare.

31 J Brownlee (16 August 2016) What is deep learning?

32 M Nielsen (2018) Using neural nets to recognize handwritten digits.

33 M Kiser (11 August 2016) Introduction to natural language processing (NLP).

34 D Amerland (10 October 2017) Computer vision and why it is so difficult.

35 One vision. Your safety (no date).

36 A Gibson and J Patterson (2016) Deep Learning, O'Reilly Media.

37 B Marr (25 January 2018) Why the internet of medical things (IoMT) will start to transform healthcare in 2018.

38 S Khoshafian (19 January 2018) Digital transformation of healthcare: IoMT connectivity, AI, and value streams.

39 T Perdue (7 July 2017) Applications of augmented reality.

40 A Pardes (20 September 2017) Ikea's new app flaunts what you'll love most about AR.

41 Z M Angela Li (1 March 2011) Virtual reality and pain management: current trends and future directions.

42 C T Loguidice (5 September 2017) Virtual reality for pain management: A weapon against the opioid epidemic?

43 K Sennaar (16 November 2017) Artificial intelligence for energy efficiency and renewable energy: 6 current applications.

44 A Chowdhry (8 October 2013) What can 3D printing do? Here are 6 creative examples.

45 A Richardot (10 August 2017) How 3D printing can help build artificial intelligence.

46 Quantum computing (no date).

47 O Oksman (11 June 2016) How nanotechnology research could cure cancer and other

diseases.

48   F Diana (19 August 2016) Artificial intelligence intersects with nanotechnology.

49   K Saarikivi (no date) The rise of empathy-enabling technology.

50   O Oksman (11 June 2016) How nanotechnology research could cure cancer and other diseases. www.theguardian.com/lifeandstyle/2016/jun/11/ nanotechnology-research-potential-cure-cancer-genetic-level

51   F Diana (19 August 2016) Artificial intelligence intersects with nanotechnology. https://medium.com/@frankdiana/ artificial-intelligence-intersects-with-nanotechnologya674204daa31

52   K Saarikivi (no date) The rise of empathy-enabling technology. www.reaktor.com/blog/the-rise-of-empathy-enabling-technology

6. 超级框架

1   G Dobush (23 October 2017) Bon voyage, captain (and crew): The first self-driving ships will soon set sail.

2   W Knight (23 May 2017) Curiosity may be vital for truly smart AI.

3   J Ogden (24 March 2017) Artificial intelligence could speed airport security.

4   BP Malcolm Frank (12 June 2017) What Netflix teaches us about using AI to create amazing customer experiences.

5   AI technology automatically records soccer matches (31 August 2017)

6   K Sennaar (2 March 2018) Artificial intelligence in sports: Current and future applications.

7   A Dave (24 August 2017) How Ai protects PayPal's payments and performance.

8   M Cassidy (30 December 2014) Centaur chess shows power of teaming human and machine.

9   What is collective intelligence and why should you use it? (no date).

10   T Malone (21 November 2012) Collective intelligence: A conversation with Thomas M. Malone.

11   D DeMuro (January 2018) 7 best semi-autonomous systems available right now.

12   Watson Virtual Agent (no date).

13   T Kontzer (27 January 2017) KLM customer service reps avoid turbulence in social media with AI tool.

14   W Oremus (3 January 2016) Who controls your Facebook feed.

15   T Taylor (20 January 2016) Football coaches are turning to AI for help calling plays.

16   A Solomon (7 April 2017) A new smart technology will help cities drastically reduce

their traffic congestion.

17   K Sennaar (18 February 2018) How the 4 largest airlines use artificial intelligence.

18   P Arntz (9 March 2018) How artificial intelligence and machine learning will impact cybersecurity.

19   ME Porter (1998) Competitive advantage: Creating and sustaining superior performance, Free Press

20   B Snyder (6 June 2015) 9 facts about Walmart that will surprise you.

21   J Dudovskiy (1 Septmber 2016) IKEA business strategy and competitive advantage: Capitalising on IKEA concept.

22   B Marr (29 August 2017) How Walmart is using machine learning AI, IoT and big data to boost retail performance.

23   S Meredith (26 January 2018) Ikea sees 'massive opportunities' with artificial intelligence and virtual reality.

24   H Reese (no date) Elon Musk and the cult of Tesla: How a tech startup rattled the auto industry to its core.

25   Understainding manufacturing tiers (no date).

26   www.harley-davidson.com/us/en/about-us/company.html

7. 速度

1   T S Helen Mayhew (October 2016) Making data analytics work for you – instead of the other way around.

2   Fractal Foundation (no date) What is chaos theory?

3   Ford's assembly line starts rolling (no date)

4   J K-C Wu (15 October 2000) Japanese automakers, U.S. suppliers and supply-chain superiority.

5   The American aerospace industry during World War II (no date).

6   T Oppong (22 August 2017) The Kaizen approach to achieving your biggest goal (The philosophy of constant improvement).

7   What is agile? What is scrum? (no date).

8   Agile 101 (no date).

9   What is scrum? (no date).

10   Adobe Sensei (no date).

11   M Techlabs (7 February 2018) How will AI-powered customer service help customer support agents?

12   D Khmelnitskaya (19 February 2018) 6 best ai chatbots to improve your customer

service.

13   J Hitch (6 October 2017) Smart(er) manufacturing: How AI is changing the industry.

14   J Walker (24 August 2017) Machine learning in manufacturing: Present and future use-cases.

15   DR Busch (2 March 2018) Artificial intelligence: Optimizing industrial operations.

16   L Fast (26 March 2018) What role will big data analytics and AI play in the future of lean manufacturing?

17   E Waltz (5 April 2017) IBM, Intel, Stanford bet on AI to speed up disease diagnosis and drug discovery.

18   B Siwicki (3 December 2017) Future-proofing AI: Embrace machine learning now because healthcare adoption is picking up speed.

19   How to speed up your checkout process and reduce customer wait times (19 May 2016).

20   M Harris (26 October 2016) AI-powered body scanners could soon be inspecting you in public places.

21   J Beckett (25 January 2017) Getting out of line: AI lets shoppers avoid long waits at checkout.

22   E Brown (28 November 2017) AI: The ultimate personal shopper?

23   D Kirkpatrick (23 May 2017) Report: 45% of retailers expect to use AI within 3 years.

24   E Brown (28 November 2017) AI: The ultimate personal shopper?

25   E Brown (28 November 2017) AI: The ultimate personal shopper? www.zdnet.com/article/ai-the-ultimate-personal-shopper

8. 理解力

1   Axiom Zen (10 January 2018) What most people don't understand about AI and the the state of machine learning.

2   AI machine learning to drive 'real time bid' advertising spend to $42bn globally by 2021 (5 September 2016).

3   J Kressmann (8 February 2017) The value of applying artificial intelligence in display advertising.

4   A Grow (9 June 2017) The value of applying artificial intelligence in display advertising.

5   M Palin (21 October 2017) Houses of the future: Smart mirrors, medical testing toilets, virtual closets.

6   ibid.

7   S Shea (October 2017) Smart home or building.

8   E Winick (7 November 2017) Every spreadsheet has a narrative to tell – just add some AI.

9   Turn your data into better decisions with Quill (no date).

10   C Ghai (18 October 2016) Narrative Science's Chetan Ghai gives insight to how an AI-powered business works.

11   D Woods (31 August 2016) Data-driven storytelling and dashboards: How Narrative Science's NLG reaches a new level.

12   Adobe Experience Cloud (no date).

13   S Harper (19 April 2017) Ada is an AI-powered doctor app and telemedicine service.

14   Ada – personal health companion (15 June 2017) .

15   AI glasses – 'know you again' (2017) Cannes Lions International Festival of Creativity 2017.

16   The way the brain buys (18 December 2008) .

17   The way the brain buys (18 December 2008) www.economist.com/node/12792420

9. 性能表现

1   Introduction to key performance indicators (no date).

2   S Tzu. The Art of War

3   G Spencer (17 September 2017) Artificial intelligence and Formula One: Bots on pole position in the race for technology.

4   Artificial intelligence in Formula 1 strategy: Part 1/2 (no date).

5   G Spencer (17 September 2017) Artificial intelligence and Formula One: Bots on pole position in the race for technology.

6   D Sarkar (23 September 2017) Microsoft HoloLens: Renault Sport CIO shares how Formula One can use it.

7   V Highfield (1 March 2018) Microsoft HoloLens: Everything you'll ever need to know about Microsoft's AR device.

8   D Faggella (1 Feburary 2018) Artificial intelligence in retail: 10 present and future use cases.

9   TS Helen Mayhew (October 2016) Making data analytics work for you – instead of the other way around.

10   Where does your data come from? (no date).

11   M Yao (27 October 2017) Future factories: How AI enables smart manufacturing.

12   ibid.

13   R Barrat (10 October 2016) How automation is changing the supply chain.

14   P Dorfman (3 January 2018) 3 advances changing the future of artificial intelligence in

manufacturing.

15   E Ackerman (20 November 2017) iRobot testing software to make sense of all rooms in a house.

16   Can artificial intelligence help improve agricultural productivity? (19 December 2017)

17   K Sato (31 August 2016) How a Japanese cucumber farmer is using deep learning and TensorFlow.

18   S Askew (9 January 2018) Artificial intelligence will transform the global logistics network in three key areas.

19   How AI is going to shape the future of shipping and logistics (no date).

20   ibid.

21   O Pickup (2 February 2018) What happens inside Rolls-Royce R2 Data Labs?

22   E Biba (14 February 2017) The jet engine with 'digital twins'.

23   ibid.

10. 实验

1   I Rodà (November/December 2016) Aqueducts: Quenching Rome's thirst.

2   D Szondy (24 January 2018) Falcon heavy vs. the classic Saturn V.

3   ibid.

4   T Fernholz (21 February 2017) SpaceX's self-landing rocket is a flying robot that's great at math.

5   BT Tomas Chamorro-Premuzic (5 July 2017) Can AI ever be as curious as humans?

6   T Ward (24 May 2017) Naturally curious.

7   J Vincent (21 July 2016) Google uses DeepMind AI to cut data center energy bills.

8   A Ng (March 2018) How artificial intelligence and data add value to businesses.

9   J Brownlee (16 March 2016) Supervised and unsupervised machine learning algorithms.

10   N Castle (2 February 2018) What is semi-supervised learning?

11   A Ng (March 2018) How artificial intelligence and data add value to businesses.

12   M Zhang (21 October 2017) Adobe Scene Stitch is like content-aware fill with an imagination.

11. 结果

1   L Columbus (16 October 2017) 80% of enterprises are investing in AI today.

2   W Knight (16 September 2015) The Roomba now sees and maps a home.

3   S Buhr (14 May 2017) RoboWaiter wants to make American restaurantsgreat again with robots.

4   S Lay (13 November 2015) Uncanny valley: Why we find human-like robots and dolls so creepy.

5   Zebra Medical Vision (no date).

6   24/7 Staff (29 September 2016) Transforming logistics with artificial intelligence.

7   Scott Amyx (10 October 2017) Here's how AI benefits companies.

8   Teradata (11 October 2017) State of artificial intelligence for enterprises. www.teradata.com

9   L Columbus (22 June 2017) Artificial intelligence will enable 38% profit gains by 2035.

10   Z Hedge (13 October 2017) AI-powered chatbots to drive dramatic cost savings in healthcare. saving $3.6 billion by 2022.

11   D Hauss (1 August 2017) ROI of AI: 5 ways retailers are embracing the innovation.

12   M Knickrehm, B Berthon and P Daugherty (2016) Digital disruption: The growth multiplier, Accenture.

13   D Newman (16 February 2017) Innovation vs. transformation: The difference in a digital world.

12. 从哪里开始

1   A Rao (5 March 2014) The 5 dimensions of the so-called data scientist.

2   R Willcox (27 July 2017) You need to assemble a crack AI team: Where do you even start?

3   AD Farri (15 January 2018) The 5 things your AI unit needs to do.

4   Altesoft (10 May 2017) How to structure a data science team: Key models and roles to consider.

5   Smartsheet (no date) What's the difference? Agile vs scrum vs waterfall vs kanban.

6   ibid.

7   ibid.

8   ibid.

9   What's the difference between programmatic and RTB? (no date).

10   Microsoft (no date). Cognitive Services.

11   Adobe Sensei (no date).

12   Adobe Sensei (no date). www.adobe.com/sensei.html

13. 安全、隐私和伦理

1   T George (11 January 2017) The role of artificial intelligence in cyber security.
2   R Kh (no date) How AI is the future of cybersecurity.
3   ibid.
4   M Krigsman (18 June 2017) Artificial intelligence and privacy engineering: Why it matters NOW.
5   S Touw (May 2017) Anonymization and the future of data science.
6   G McCord (2015) What you should know about 'anonymous' aggregate data about you.
7   J Spacey (10 November 2016) 4 types of data anonymization.
8   C Williamson (5 January 2017) Pseudonymization vs anonymization and how they help with GDPR.
9   RSA (2017) RSA privacy and security report.
10 M Nadeau (16 February 2018) General Data Protection Regulation (GDPR) requirements, deadlines and facts.
11 GDPR EU.org (no date). Fines and penalities.
12 California Department of Health Care Services (no date). Health Insurance Portability and Accountability Act.
13 Asilomar AI principles (no date).
14 J Bossmann (21 October 2016) Top 9 ethical issues in artificial intelligence.
15 BV Toness (4 April 2017) Five questions for David Autor.
16 MIT Sloan School of Management (2017) Artificial intelligence: Implications for business strategy. Nodule 5, unit 2, MIT Sloan School of Management

14. 昨天、明天和今天

1   A C Clarke (1951) 'Sentinel of Eternity', Ten Story Fantasy magazine; (1968) 2001: A Space Odyssey, New American Library
2   I Azimov (1956) I, Robot, Signet
3   D Gerrold (1972) When HARLIE Was One, Ballantine Books.
4   T J Ryan (1977) The Adolescence of P-1, Macmillan Publishing.
5   P Baines (2010) Alpha Redemption, Splashdown Books.
6   PK Dick (1968) Do Androids Dream of Electric Sheep? Ballantine Books.
7   M Rouse (July 2017) Smart city.
8   N Windpassinger (2017) Internet of things: Digitize or die. IoT Hub.

9   A Dhanalakshmi, P Lathapriya and K Divya (March 2017) A smart helmet for improving safety in mining industry.

10   DZ Morris (22 July 2017) World's first autonomous ship to launch in 2018.

11   Marex (27 August 2017) The autonomous revolution.

15. 新一代的创造力

1   L FridMan (no date). Artificial Intelligence Podcast. MIT Lex FridMan.

2   G Wolf (1998, February 1) Steve Jobs: The Next Insanely Great Thing.

3   D Eagleman (2017) The Runaway Species: How human creativity remakes the world. Catapult.

4   C M Christensen (2011) The Innovator's Dilemma: The Revolutionary Book that Will Change the Way You Do Business. HarperBusiness.

5   McKinsey (no date). The Business Value of Design. McKinsey.

6   Pfeiffer Report (2018) Creativity and technology.

7   Artificial Intelligence Wiki (no date). A Beginner's Guide to Generative Adversarial Networks (GANs). Retrieved from Artificial Intelligence.

8   J Hui (22 June 2018) GAN – Some cool applications of GANs. Medium.

9   Z Thoutt (26 September 2017) What are Creative Adversarial Networks (CANs)? Medium.

10   A Missinato (14 February 2018) Is creative writing still a human prerogative? Spindox Digital Soul.

11   Whitney Museum of American Art (no date). Andy Warhol – From A to B and Back Again Nov 12, 2018-Mar 31, 2019.

12   D&AD (no date). How A.I. and Machine Learning Will Change Design and the Creative Industries in 2018.

13   T Greene (15 June 2018) Researchers developed an AI to detect DeepFakes.